疯狂STEM

KEY CONCEPTS IN
STEM

U0183807

PHYSICS
物理

光和声
LIGHT AND SOUND

英国 Brown Bear Books　著

何小月　译

電子工業出版社
Publishing House of Electronics Industry
北京 · BEIJING

Original Title: PHYSICS: LIGHT AND SOUND

Copyright © 2020 Brown Bear Books Ltd

 BROWN BEAR BOOKS

Devised and produced by Brown Bear Books Ltd,

Unit 1/D, Leroy House, 436 Essex Road, London

N1 3QP, United Kingdom

Chinese Simplified Character rights arranged through Media Solutions Ltd Tokyo

Japan (info@mediasolutions.jp)

版权贸易合同登记号　图字：01-2022-5672

图书在版编目（CIP）数据

光和声 / 英国 Brown Bear Books 著；何小月译 . —北京：电子工业出版社，2023.1
（疯狂 STEM. 物理）
ISBN 978-7-121-35658-2

Ⅰ . ①光⋯　Ⅱ . ①英⋯　②何⋯　Ⅲ . ①光—青少年读物　②声—青少年读物　Ⅳ . ①O43-49
②O42-49

中国版本图书馆 CIP 数据核字（2022）第 208984 号

责任编辑：郭景瑶
文字编辑：刘　晓
印　　刷：北京利丰雅高长城印刷有限公司
装　　订：北京利丰雅高长城印刷有限公司
出版发行：电子工业出版社
　　　　　北京市海淀区万寿路 173 信箱　邮编：100036
开　　本：787×1092　1/16　印张：20　字数：608 千字
版　　次：2023 年 1 月第 1 版
印　　次：2023 年 1 月第 1 次印刷
定　　价：188.00 元（全 5 册）

"疯狂STEM"丛书简介

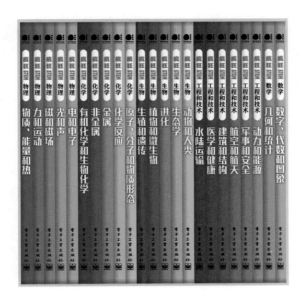

STEM 是科学（Science）、技术（Technology）、工程（Engineering）、数学（Mathematics）四门学科英文首字母的缩写。STEM 教育就是将科学、技术、工程和数学进行跨学科融合，让孩子们通过项目探究和动手实践，以富有创造性的方式进行学习。

本丛书立足 STEM 教育理念，从五个主要领域（物理、化学、生物、工程和技术、数学）出发，探索 23 个子领域，努力做到全方位、多学科的知识融会贯通，培养孩子们的科学素养，提升孩子们实际动手和解决问题的能力，将科学和理性融于生活。

从神秘的物质世界、奇妙的化学元素、不可思议的微观粒子、令人震撼的生命体到浩瀚的宇宙、唯美的数学、日新月异的技术……本丛书带领孩子们穿越人类认知的历史，沿着时间轴，用科学的眼光看待一切，了解我们赖以生存的世界是如何运转的。

本丛书精美的文字、易读的文风、丰富的信息图、珍贵的照片，让孩子们仿佛置身于浩瀚的科学图书馆。小到小学生，大到高中生，这套书会伴随孩子们成长。

光的产生

光是一种电磁辐射，并且是唯一能够被肉眼看到的电磁辐射。它可以由任何非常热的物体产生，如燃烧的蜡烛火焰或电灯泡的灯丝。当然，也有一些冷光源，如日光灯和萤火虫。

燃烧物（如蜡和油）的火焰为人类提供了最早的光源。蜡烛是通过将一根绳状灯芯固定在圆柱形蜡中制作而成的。点燃灯芯，火焰的热量使得灯芯周围的蜡熔化、燃烧，进而产生了光。油灯也有一根浸在储油罐中的灯芯。蜡烛和油灯都是燃烧物燃烧发光的例子——在燃烧过程中，燃烧物通过与空气中的氧气发生化学反应，从而散发热量并发光。

在人类历史上，对灯芯照明的第一个重大改进是煤气灯的出现，即用易燃的煤气燃烧来照明。通常情况下，煤气燃烧产生的是黄色火焰，并伴有烟雾。但是，当通入空

萤火虫，又名亮火虫、火金菇，因其下腹部能发光而得名。萤火虫体内具有专门的发光细胞，细胞内的化学物质会和空气中的氧气发生化学反应而发光，这属于生物发光。

气并增加灯罩后，我们便能看到白光。

来自电的光

最早的电灯是弧光灯。早在 1808 年，英国科学家汉弗莱·戴维（Humphry Davy，1778—1829）就给出了灯泡的第一个示范——弧光灯。他用两根碳棒作为电极的两端，使之相互靠近但不接触，当将两个电极连接到高压电源上时，两个电极间产生了非常明亮的电火花（也叫"电弧"），这就是最早的弧光灯。现代弧光灯已改用金属电极，曾被广泛用于电影放映机和探照灯中，不过如今，它已经过时并逐渐被别的照明方式所取代。

科学词汇

日光灯： 也被称为"荧光灯"，是一种照明装置。灯管中充满了水银蒸气，两端装有电极。通电时，电流在两个电极间流动，使得水银蒸气发射出紫外线，涂在灯管内壁上的磷光体吸收紫外线后，便会发出明亮的白光。

白炽： 物体由于处在高温状态下而自发光的现象。

白炽灯： 灯泡的一种，用耐热玻璃制成泡壳，内装灯丝（通常是钨丝），抽去泡壳内的空气再往里充入惰性气体（如氩气）。此时，将灯丝通电加热至白炽状态，灯丝就可以发出可见光。

当电流流过一根细丝时，细丝会变热。这种热量先使得细丝发出红色的光。随着温度升高，光的颜色会转变为白色，直至细丝熔化或断裂。19世纪70年代，美国和英国的发明家们都在寻找一种能达到白炽状态而不会被烧断的灯丝。直到1879年，美国的托马斯·阿尔瓦·爱迪生（Thomas Alva Edison，1847—1931）和英国的约瑟夫·斯旺（Joseph Swan，1828—1914）才分别独立地发现了可达到白炽状态的灯丝。他们用一根很薄的碳纤维作为灯丝，并将其密封于被抽走空气的玻璃容器中，制成了最早的白炽灯。再后来，科学家们又将碳纤维灯丝换成了钨丝，且向被抽走空气的玻璃容器中充入惰性气体（如氩气），从而延长了白炽灯的使用寿命。

冷光源

19世纪末期，科学家们将金属电极密封到玻璃管中，并向玻璃管中充入少量气体（形成低气压状态），研究当电流通过金属电极时产生的发光现象。他们发现，充入氖气时，会产生一种橘黄色的光；而充入水银（汞）蒸气则会产生蓝绿色的光。荧光灯的灯管内壁涂有一层磷光体。磷光体受到水银蒸气发出的光的照射后会产生白光。在自然界中，某些植物和动物也会发光。萤火虫就是人们最熟知的例子。某些深海鱼，如琵琶鱼，也会发光。这种类型的发光被称为"生物发光"。

电灯

弧光灯是最早的一种电灯，起源于一对碳电极间的高压电火花效应。白炽灯则通过电流加热钨丝至白炽状态而发光。荧光灯中的光主要来自涂在荧光灯灯管内壁上的磷光体。

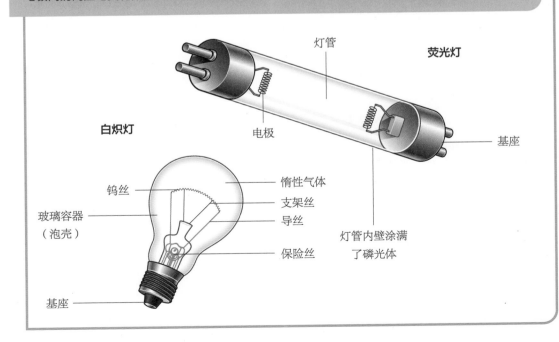

荧光灯　灯管　电极　基座

白炽灯　钨丝　玻璃容器（泡壳）　惰性气体　支架丝　导丝　保险丝　灯管内壁涂满了磷光体　基座

光能是能量的一种形式

能量可以很容易地从一种形式转换成另一种形式。例如，在上一章中，我们介绍了化学反应和电是如何产生光的。在本章中，我们将讲述光能是如何转换为其他形式的能量的。光能可以转换成化学能，使植物生长；也可以转换电能，成为机械的动力源。例如，宇宙探测器中的太阳能电池板就是用来将光能转换为电能的。

地球上的能量源主要是太阳光。如果没有太阳光，地球上的任何生物都不可能长期存活。这是因为太阳光为植物的光合作用提供了能量。如果没有太阳光，所有的动物，无论是食草动物（仅以植物为食物的动物）还是食肉动物（以其他食草动物为食物的动物）都将因缺少食物而无法生存。

在光合作用中，光能被转换成化学能，

田里的玉米正在吸收光能。它们利用这些光能将二氧化碳和水转化成糖和氧气。其中，糖储存在植物组织中，而氧气则被释放到空气中。

科学词汇

电子： 一种带负电荷的亚原子粒子。电子分布在原子核周围，它们在物体的导电性、磁性和导热性等方面是极为关键的。

光电池： 也叫"光电管"，是一种光电流产生装置，由硅等光敏元素组成，在光照射下会发射电子。

太阳能电池板： 太阳能电池是一种通过吸收太阳光，将太阳能转换成电能和热能的光电半导体薄片。单体太阳能电池效率太低，不能直接做电源。太阳能电池板是通过将若干个太阳能电池串、并连接和严密封装而成的组装件，可提高太阳能转换效率，一般用于太阳能发电系统中。

储存在植物体内。这正是生物过程的本质。不过，光能转换为电能的过程涉及一些相当先进的物理学知识。最简单的一种光电转换形式发生在光电池中。光电池能实现光电效应、完成光电转换的关键在于其组成物质，如半金属元素硅——这些元素在光的照射下会发射电子。通过外加电极收集这些电子便会产生光电流。根据光电流可以感知光照射强度的原理，光电池常被用于防盗报警器和控制路灯的自动开关中。

值得注意的是，单个光电池所产生的光电流是非常小的。为了产生足够大的光电流，每个用于发电的太阳能电池板通常都包含成百上千个光电池。大型的太阳能电池板还可为宇宙探测器的通信装置和控制系统供电。

屋顶上的太阳能电池板可收集太阳能并将其转换成电能。此外，太阳能电池板也可将吸收的太阳能转换为热能，用来加热家庭供暖系统中的水。

这种类型的太阳能电池板也可用在建筑物上，为家庭和办公室提供电力。它们通常包含一个空心薄壁水箱，水箱有一个面积较大、呈黑色、面向太阳的表面，这是为了尽可能多地吸收白天的太阳能。这个黑色的表面可以吸收太阳能并将之转换为热能，用来加热水。加热过的水可用于供暖系统中，再次加热这种热水比直接加热冷水所需的能量少，从而达到节能目的。

太空动力源

宇宙探测器上每个展开的大"桨叶"都包含数以百计的光电池。它们能将太阳能转换为电能，从而为探测器的电力系统供电。

太阳能电池板

高增益天线/雷达天线

设备模块

火箭发动机

太阳能电池板

光的传播

光从太阳或电灯等光源发出，并以不可思议的速度沿各个方向传播。光沿直线传播。光能穿过的物质为透明物质，如玻璃和透明塑料。不允许光穿过的物质则为不透明物质，不透明物质在光照下会投射出阴影。

光沿直线传播这一现象是非常容易证明的，因为光照射到不透明物质上会投射出阴影。阴影实际上是由光不能穿过的区域形成的。我们能看到的最大阴影是地球的阴影。当太阳光照射到地球上时，地球会在背离太阳的一侧形成一道长长的阴影。有时候，月球也会移动到地球的阴影里。月光正是月球反射照到月球上的太阳光而形成的。然而，当月球完全移动到地球的阴影中时，月球会变暗而无法被观察到。这种现象被称

月食和日食

日食（a）期间，月球会经过地球和太阳之间，会阻挡太阳光到达地球。月食（b）期间，地球位于太阳和月球之间，会阻挡到达月球的太阳光。

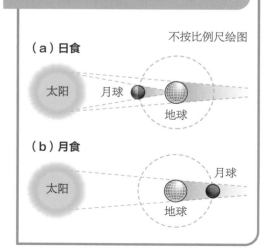

不按比例尺绘图

（a）日食

太阳　月球　地球

（b）月食

太阳　地球　月球

为"月食"或"月蚀"。

月球在其轨道上运行时，有时候会刚好经过地球和太阳之间。这时，月球的影子会掠过地球表面。对于地球上位于这条阴影带上的人而言，太阳光被月球的阴影遮住了，原本明亮的太阳圆盘会变得黑暗。这种现象被称为"日食"或"日蚀"。

日食现象对于天文学家而言很重要，因为它为天文学家观察和研究太阳外部被称为"日冕"的大气层提供了一个很好的机会。由于太阳光太强，日冕在平时很难被观测到。然而，在日食期间，明亮的太阳圆盘被月球遮住了，日冕则在月球阴影周围形成一个珠白色的光环，可以被观测到。太阳和月球之间的距离并不是精确不变的。由于月球轨道的形状不是完美的规则形状，因此它们之间的距离会略有变化。有时月球并不能完全挡住太阳（本页插图不是按比例绘制的；实际距离和尺寸远大于插图所示）。

光线和光束

表示光传播路径和方向的直线，被称为"光线"（本书稍后将会进一步阐述光线

在某些情况下，光又表现得更像一束连续的粒子流，就像是机关枪发射出的一系列微小高速子弹似的。现代物理学认为，光是同时具有波动性和粒子性的。

在这张照片中，月球即将挡住太阳光，形成日食。

被镜子之类的镜面反射或穿过透镜时将会发生什么）。具有一定关系的光线的集合，被称为"光束"。手电筒和探照灯等发出的就是光束。

光的很多特性能通过假设光是一种波而得到解释。例如，光的波动理论能很好地解释光的镜面反射是如何形成的，以及为什么肥皂泡中会出现彩虹色等现象。

科学词汇

透镜： 一种将光线聚合或分散的设备，通常由透明玻璃制成，可以使光线弯曲，改变光的传播方向。

月食： 当地球运行到月球和太阳的中间时，太阳光正好被地球挡住，不能照射到月球上去，使月球看起来出现黑影的现象。

日食： 当月球运行到太阳和地球中间时，太阳光被月球挡住，不能照射到地球上来，使太阳看起来出现黑影的现象。

全食、环食和偏食

不按比例绘图

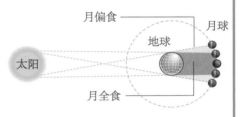

地球运行到太阳和月球中间，月球绕地球运行，当月球部分进入地球阴影区时，会形成月偏食；当月球完全进入地球阴影区时，会形成月全食。

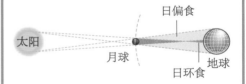

月球运行到地球和太阳中间且处在远地点时，月球不能完全遮挡住太阳，从而形成日环食。

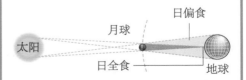

月球运行到地球和太阳中间且处在近地点时，月球会完全遮挡住太阳，少数区域的人会看到日全食，而另一些区域的人则会看到日偏食。

光速

光是宇宙中运动最快的，没有什么东西的运动速度能快过光速。物理学家和天文学家花费了很多年的时间来测量光速。

当你进入一个黑暗的房间，打开灯时，房间立即就被照亮了。实际上，光到达你的眼睛是需要一点点时间的，但光传播得如此之快，以至于看起来好像立即就到达了。

据测量，光速约为 300000 千米/秒。以这个速度运行，光从月球到达地球只需要 1 秒多钟，而光从距离地球约 1.5 亿千米的太阳到达地球，只需要 8 分多钟。

光的速度到底有多快

在很长一段时间里，测量光速对科学家来说是一个挑战。世界上第一个通过实验测量给出光速具体数值的人是丹麦天文学家奥莱·罗默（Ole Romer，1644—1710）。1676 年，他通过观测木卫一绕木星公转时形成的卫星食现象，首次估算出了光速。1690 年，荷兰科学家克里斯蒂安·惠更斯（Christiaan Huygens，1629—1695）在这一数据的基础上，通过对地球公转直径的

估值，计算出光速约为 230000 千米/秒，该值比实际值小了约 25%。

光速的精确测量

更精确的光速测量由后来的科学家实现。1849 年，法国物理学家菲佐（Hippolyte Fizeau，1819—1896）通过自己制作的一个齿轮装置，测出光速为 315000 千米/秒。该结果与实际值只差 1%。又过了大约 30 年，美国物理学家阿尔伯特·亚伯拉罕·迈克尔逊（Albert A. Michelson，1852—1931）改进了菲佐的旋转齿轮法。他把光的传播距离增加到了 70 千米，并用旋转镜子取代了齿轮，通过该方法测量得到的光速和用现代方法测量得到的光速非常接近。

科学反思

上述不同的光速测量方法，都涉及同一思想：通过旋转齿轮或镜子来干扰光束的传播，以确定光传播路程和时间的关系。观察者缓慢地增加齿轮或镜子的转动速度直至

科学词汇

棱镜：一种能使光弯曲或分裂成 7 种颜色的透明玻璃或塑料。通常呈三角形状。

反射光线：一束被镜子等物体反射回来的光线。

真空：一种特定物理状态的空间，空间内的部分物质被排出，其内部的压力小于一个标准大气压。

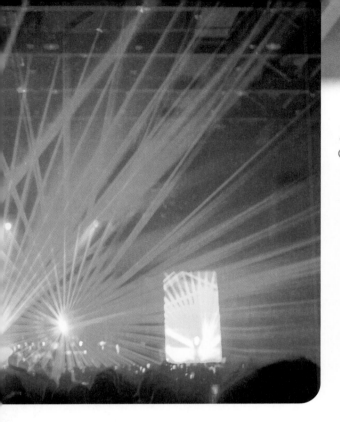

激光束常被用于娱乐设施中，如大型灯光秀。

观察到光线发生闪烁。这样一来，光线经过装置回路所花费的时间就可以通过齿轮或镜子的旋转速度计算出来。

减速的光

光速是光在真空中的传播速度，是一个常数。但实际上，光在空气等介质中的传播速度通常小于其在真空中的传播速度。当光穿过一块矩形玻璃时，其传播速度会降至约 200000 千米/秒，仅为真空中光速的 2/3。

光从一种介质进入另一种介质时，其传播速度会发生变化，进而导致其传播方向发生变化。这种现象被称为"光的折射"。本质上，光在玻璃中减速是因为光与玻璃原子中的电子发生了相互作用。光一离开玻璃，其传播速度和方向就会恢复。因此，玻璃可以使光线发生弯曲。这就是透镜和棱镜在显微镜、双筒望远镜和其他科学仪器中的工作原理。

光速：菲佐实验（旋转齿轮法）

在靠近观察者的一端放置半镀银反射镜，在相距 9 千米的另一端放置镀银反射镜，在两个镜子中间放置快速旋转齿轮。光线射到半镀银反射镜上，通过齿轮间隙照射到镀银反射镜上，并通过齿轮的下一个间隙到达观察者眼中。调节齿轮旋转速度，当光线在整个传播过程中都没有闪烁时，根据两齿之间的角度、齿轮的转速以及镜子间的距离（9 千米）就可以计算出光速。

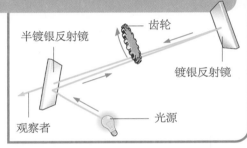

光速：迈克尔逊法（旋转棱镜法）

光线经过八面棱镜到达 35 千米外的凹面镜后反射回来再次经过八面棱镜到达目镜。当八面棱镜旋转时，由于存在角度差问题，凹面镜反射回来的光线只有在棱镜转至合适角度时才能到达目镜，形成稳定的图像。此时，根据棱镜转速以及棱镜和凹面镜间的距离即可计算出光速。

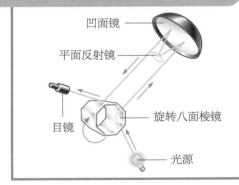

光的反射和折射

当光线照射到平面镜上时，光线会被反射，且反射角度和入射角度是一样的。如果光线照射到一个球面镜上，反射情况会有所不同，这和镜面是向内弯曲的（凹透镜）还是向外弯曲的（凸透镜）有关。所有类型的镜子都会对其反射的物体成像。

所有物体都会反射照射到其表面的部分光线。如果完全不反射光线，那它们就不可见。平整的光滑镜面会反射几乎所有照射到其表面的光线。照射到镜面上的光线被称为"入射光线"。光线入射的角度，即入射光线和镜面垂直线（被称为"法线"）之间的夹角，被称为"入射角"。光线离开镜子的角度，即反射光线与法线之间的夹角，被称为"反射角"。根据光的反射定律，对于平面镜，光的入射角和反射角相等，入射光线、法线和反射光线位于同一平面上。

成像

当来自物体的光被一个镜面反射回来，到达我们的眼睛时，沿着反射光线的方向，我们会看到一个位于镜子后的该物体的

图像。实际上，这并不是一个真实的图像，而是一个虚像。

平面镜成像的另一个特点是所成的像与物体大小相同，二者到镜面的距离也相同。但是，如果你仔细观察自己在平面镜中的像，你就会发现，镜中所成的像与你是左右相反的。这是因为平面镜对三维物体成像时，在垂直于平面镜的方向上，三维图像发生了反转。因此，站在镜子面前，你抬起左手，镜中的像"抬"的是右手；你抬起右手，镜中的像"抬"的是左手，看起来左右颠倒了。物理学家将这种现象称为"横向倒置"。表面上（感官上）看镜中的像左右颠倒了，但实际上（物理上）发生的是前后颠倒。也就是说，镜子只颠倒垂直于镜面的那两个方向，如果你面对镜子，那么颠倒的就

科学词汇

光的反射定律：

1. 反射角等于入射角；
2. 反射光线与入射光线、法线在同一平面上；反射光线和入射光线分居法线两侧。

反射光线：一束被镜子等物体反射回来的光线。

美国航空航天局（NASA）的詹姆斯·韦伯空间望远镜于2021年发射，该望远镜由18块六边形镀金铍元素反射镜片组成，展开后主镜直径长达6.5米。

是前后方向；如果侧对镜子，则颠倒的就是左右方向；如果脚踩或头顶着镜子，那么颠倒的就是上下方向。

平面镜的应用

平面镜最常见的应用是我们日常使用的镜子。人们每天都会用到镜子，比如，我们在制作发型、化妆、剃胡须、试穿衣服时都离不开镜子。装修时，我们也常通过添加镜子来增加光线，以实现扩大空间的效果。此外，由于镜子并不显眼，且镜中看到的并非实物，因此魔术师也常在舞台表演中运用镜子来营造魔幻效果。潜望镜中也有两个成45°角放置的平面镜。在观看大型体育赛事时，如果你前面的人比较高，挡住了你的视线，那么你可以借助潜望镜越过较高的障碍物而看到远方。潜望镜还常被安装在潜艇中，用来观察海面上的情况，不过此时，潜望镜中的平面镜会被更换为棱镜。

球面镜

球面镜的光反射行为不同于平面镜。球面镜主要有两种，分别是表面向内弯曲的凹面镜和表面向外凸起的凸面镜。球面镜的表面赋予了球面镜两个额外特性。其一，每个球面镜都有一个主轴，其垂直于球面并通过球面镜中心；其二，将该球面镜作为球面上的一部分时，该球的半径即为球面镜的曲率半径，该球的中心也是球面镜的曲率中心。

反射定律

光照射到平面镜上发生反射时，入射角与反射角相等；入射光线、法线与反射光线在同一平面内；入射光线和反射光线居于法线两侧。

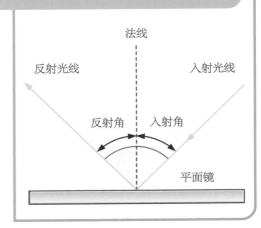

试一试

多次反射

一个镜子的单次反射可以对位于其前方的物体成一个像。两个镜子就可以提供两个像，让你很方便地看清拐角周围的情形。该实验将利用多个镜子的多次反射来观察像。

做一做

取两个镜子，使镜面相对，并成一定角度放置，把它们的一边用胶带或透明胶固定住，竖直放在一张纸上，如下图所

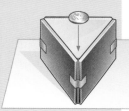

仔细观察每个镜子中硬币所成的像，看看它们是否完全一样呢？

如果镜子数增加到三个，在棱边的中间位置放一枚硬币，所成的像将更加复杂。

示。将一枚硬币放到镜子前面。此时，你会看到硬币的几个像？

把硬币换成一个小玩具，如汽车模型或小玩偶，注意观察物体正前方的镜子中的像和物体侧面另一个镜子中的像有什么区别。事实上，此时你看到的正是拐角的情形。试着改变两个镜子之间的相对角度，如将它们"折叠"得更近或"展开"得更远，观察一下将发生什么？在纸面上画一条直线，在直线处将两个镜子合上，然后再慢慢开关镜子，仔细观察镜子中的像是怎样变化的。如果你有三个镜子，可以将它们粘成一个三棱柱，在棱边的中间位置放一枚硬币，请问你又将看到硬币的几个像呢？

当平行于主轴的光线射到凹面镜上时，反射光线会被会聚于主轴上的一点，该点被称为"焦点"。因此，凹面镜也被称为"会聚镜"。然而，当平行于主轴的光线射到凸面镜上时，其反射光线是发散的。这些反射光线的反向延长线会在凸面镜后会聚于一点，该点就是凸面镜的焦点。因此，凸面镜也被称为"反光镜"。由此可以看出，凹面镜有一个真实的焦点，而凸面镜的焦点则是虚拟的。对两种球面镜而言，焦距均为从球面镜到焦点的距离，刚好是球面镜曲率半径的一半。

球面镜成像

球面镜成像比平面镜成像要复杂得多。具体的成像情况不仅和球面镜是凹面镜还是凸面镜有关，还和物体离球面镜多远有关。对于凹面镜来说，共有5种可能的情况：当物距大于二倍焦距时，成倒立、缩小、位于镜前的实像，物体离镜面越近，像越大；当物距等于二倍焦距时，成等大、倒立的实像；当物距在一倍焦距与二倍焦距之间时，成倒立、放大、位于镜前的实像，物体离镜面越近，像越大，此时，凹面镜有类似放大镜的功能；当物距等于一倍焦距时，不成像；当物距小于焦距时，成正立、放大的虚像，物体离镜面越近，像越小。汽车前灯的反光装置就相当于凹面镜，生活中用来烧水煮饭的太阳灶也是用凹面镜制成的。

凸面镜成正立、缩小的虚像。凸面镜也叫"广角镜"，可以扩大视角，常被用作机动车的后视镜。凸面镜和凹面镜都可以用于望远镜（参见第30页）中。

折射定律

折射定律，是一条描述光的折射的主要定律，其中规定：对折射率一定的两种介质来说，光线入射角的正弦和折射角正弦的比值是一个常数，被称为"折射率"。

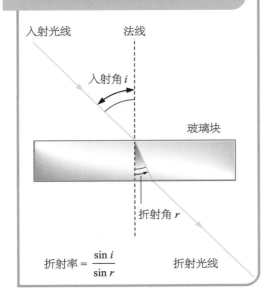

$$折射率 = \frac{\sin i}{\sin r}$$

光的折射

游泳池看起来比实际浅。湖或河中的鱼儿看起来也比实际离湖面或河面更近。这是因为当光线穿过水面进入空气中时，折射光线的方向会发生变化。

同样的现象也发生在当光线从空气进入水中的时候。入射光线和法线之间的夹角被称为"入射角"。水面之下的光线（折射光线）和法线之间的夹角被称为"折射角"。当光线从光疏（密度小）介质进入光密（密度大）介质时，例如光线从空气入射到水或玻璃中时，光线的折射角小于入射角，即光线向靠近法线的方向偏折了。当光线从光密介质进入光疏介质时，例如从玻璃进入空气中时，折射角大于入射角，即光线向远离法

线的方向偏折了。

与光的反射一样，光的折射也有相应的定律。折射定律关心的不是角度本身，而是角度的正弦（通常记为 sin）函数。折射定律规定，入射角 i 的正弦（$\sin i$）和折射角 r 的正弦（$\sin r$）的比值，对折射率一定的两种介质来说是一个常数。该比值也被称为"折射率"。例如，空气的折射率约为 1，玻璃的折射率约为 1.5，水的折射率约为 1.33。该定律也被称为"斯涅耳定律"，因为是这位来自荷兰的物理学家在 400 多年前最早提出这一定律的。

折射定律还规定，折射光线位于入射光线和法线所决定的平面内，且折射光线和入射光线分别在法线的两侧（这一条和反射定律相同）。

弯曲的吸管和阳光

折射会产生一些奇怪的效应。如果你仔细观察一根插在玻璃水杯中的吸管，你会发现，吸管在水面处好像弯折了。实际上，这是因为光线在离开水面时，向远离法线的方向折射了。当沿着折射光线看过去时，我

科学词汇

凹面镜： 也称"会聚镜"，当平行光线入射到凹面镜上时，反射光线将会被会聚到镜前的焦点上。其表面是向内弯曲的。

凸面镜： 也称"反光镜"，当平行光线入射到凸面镜上时，反射光线将更加发散，且反射光线的反向延长线会在镜面后方的焦点处会聚。其表面是向外弯曲的。

折射： 光从一种透明介质入射到另一种透明介质时，传播方向发生变化的现象。

弯曲的吸管

折射现象导致玻璃水杯中的吸管看起来从水面处弯曲了。类似的折射现象还有水池看起来比实际要浅，鱼儿在水中的位置看起来也比实际位置更靠近水面等。

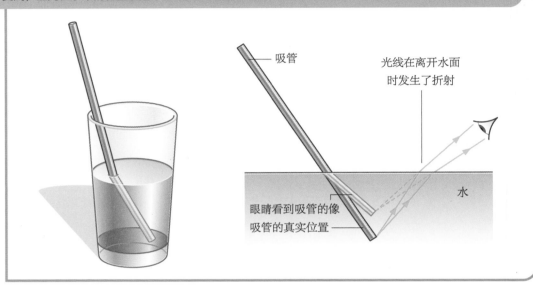

吸管

光线在离开水面时发生了折射

水

眼睛看到吸管的像

吸管的真实位置

威里布里德·斯涅耳

威里布里德·斯涅耳（Willebrord Snell，1580—1626）出生于荷兰莱顿。他在数学和物理方面都受过良好教育。1613年，父亲过世后，他继承了父亲的职位，成为新莱顿大学的数学教授。斯涅耳专门从事土地测量和测绘工作，并进行了很多光学实验。1621年，他发现了折射定律并引入了折射率这一概念。实际上，直到1626年去世，他也没有主动将他发现的这些定律公布。1703年，克里斯蒂安·惠更斯在其著作中谈到这一定律时，才正式将这一定律的发现归功于斯涅耳。后来的研究发现，某种介质的折射率也等于光在真空中的传播速度与光在该介质中的传播速度之比。

们就会看到吸管末端的位置比实际位置更接近水面（如上方图所示）。

同样的现象也发生在日出日落时。大气层的密度是不均匀的，越高的地方，空气越稀薄。阳光在穿过地表附近较厚（密度高）的大气层时，也会发生折射——沿着折射光线往回看，我们看到的太阳位置并不是其实际位置。因此，早晨和傍晚我们看到的太阳都在它实际位置的上方，也就是说，即使太阳已经落到地平线下了，我们仍能看到太阳。

海市蜃楼的形成就与折射有关。来自远处物体的光线经多次折射后以一种弯曲的路径到达地表附近的暖空气层。我们沿着光线折射路径回看时，就会看到远方物体的像。

临界角

光从较高折射率的介质进入较低折射率的介质中时，入射角不断增大，折射角也随之不断增大，当入射角增大到某一确定角度时，折射角将等于90°，物理学家将此时的入射角称为"临界角"。换句话说，此时折射光线将沿着两种介质的边界传播。这种现象也被称为"全内反射"。如果继续增大入射角，折射光线将不再存在。也就是说，入射光线将会被较低折射率介质的表面全反射回来。

折射的应用

光的折射主要应用于透镜以及各种用到透镜的仪器设备中，包括摄像机、望远镜、显微镜和投影仪等（参见第28～33页）中。

光纤通信中的光导纤维就利用了全内反射原理。从光纤一端入射的光线在光纤内壁发生多次全内反射，沿着锯齿形路线向光纤的另一端传播，从而使得几乎全部入射光线都能从光纤的另一端射出。光纤的典型应用还包括用于检查病人身体内部情况的内窥镜。

试一试

硬币重现

当光线从一种透明介质进入另一种透明介质时，它们会发生弯曲。该过程被称为光的折射。在该实验中，我们将利用光的折射原理使消失的硬币再次出现。

做一做

将一个大的、边缘弯曲的透明大碗放在桌面上，将一枚硬币置于碗中靠近你的一边。看着硬币，慢慢后退，直到完全看不到硬币为止。此时，请你的朋友帮忙缓慢地向碗中倒水，你会发现，消失的硬币会再次回到视野中。

这是由于硬币反射回来的光在水面处发生折射所致的。光线从水面入射到空气中时，会向人的方向弯折，使得硬币被看到。这也是池塘里的鱼看起来总比它们实际位置离水面更近的原因。苍鹭和其他鸟类在捕食鱼时也会考虑到这一点，因此，它们在抓捕之前都有一个"瞄准目标"的过程。

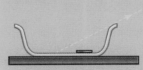

站在刚好不能再看到硬币的位置。

当碗中倒满水时，光线折射，使得硬币再次被看到。

棱镜和透镜

棱镜是最著名的光线弯曲器。折射使得光线进入棱镜时发生弯曲，然后在离开棱镜时再次发生弯曲。更重要的是，它可以使不同颜色的光按不同程度弯曲。这些不同颜色的光共同构成了光谱。三棱镜可以把白色的太阳光分解成彩虹色——被称为"太阳光谱"。

物理学中一个非常重要的实验于1665年在英国剑桥大学的一个暗室中进行。物理学家艾萨克·牛顿（Isaac Newton，1643—1727）在暗室中让一束太阳光透过窗帘上的小洞照射到棱镜上。令他惊讶的是，太阳光透过棱镜后在对面的墙壁上形成了平行排列的彩虹条纹。牛顿通过仔细观察提出，太阳光实际上是一种由棱镜分解出的多种色光组成的复色光。当他使从复色光中分解出的其中一种色光通过第二个棱镜时，光的颜色没有发生改变。现代物理学对牛顿暗室中的这种现象已经理解得非常透彻了，即

科学词汇

色散：复色光分解成单色光的现象，例如，利用三角棱镜可以将白光分解成彩虹色的光谱。雨后出现的彩虹也是光的色散所致的。

棱镜：由两个或两个以上的彼此不平行平面构成的折射元件。一般在光路中利用它们来改变光波传播方向或色散。

折射光线：当一束光线从一种透明介质进入另一种透明介质时，便会发生折射现象，折射后的光线就被称为"折射光线"。

白光（太阳光）实际上是一种复色光，由红色、紫色，以及介于它们之间的所有其他颜色的光混合而成。当白光进入棱镜时，它的每一种组成色光都发生了折射（弯曲）。但是，由于每种色光的折射（弯曲）程度不一样，所以它们通过棱镜后的出射角也不一样

棱镜将一束白光分解成按红色、橙色、黄色、绿色、蓝色、靛色、紫色顺序排列的光谱。

单镜头反光相机（简称"单反相机"）

现代单镜头反光（SLR）相机主要包含两个反光镜：一个平面镜和一个五面棱镜（又叫"五棱镜"）。通过镜头进入相机的光首先被平面镜向上反射，然后在五棱镜中发生两次以上反射，之后进入取景器继而到达摄影师眼中。从第二次反射开始用的便是一个五棱镜（而非平面镜），这是因为镜头中的图像通过平面镜后是上下颠倒的，而五棱镜的双重反射可以将图像扭转回来。

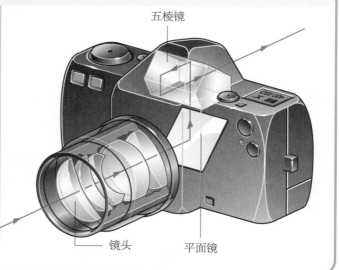

五棱镜

镜头　　　　平面镜

（依次增大）。这就使得白光被分色进而扩展成了彩虹色，其排列顺序依次是：红、橙、黄、绿、蓝、靛、紫。

棱镜的这种特殊折射现象被称为"色散"，产生的按颜色顺序排列的色光图案则被称为"光谱"。这也解释了有时通过水晶玻璃或装饰灯具的阳光看上去是彩色的，以及彩虹的形成等日常生活中的常见现象（参加第24页）。

棱镜的用途

棱镜被用在很多科学仪器中，例如光谱仪、潜望镜和双筒望远镜等中。时至今日，棱镜最常见的用途是在单镜头反光相机中。常见的棱镜是三角形的，比如牛顿分光用的棱镜。然而，单镜头反光相机中用到的棱镜有5个镜面，被称为"五棱镜"。

透镜

透镜主要有两种，根据它们的形状或

通过放大镜观察水滴，可以看到一些平时肉眼很难看到的微小细节。放大镜使用的是凸透镜，又称"会聚透镜"。

对通过它们的光线产生的会聚或发散作用而命名。中间厚边缘薄、表面向外凸出的透镜，被称为"凸透镜"。这是因为当一束平行光线穿过凸透镜时，光线会向光轴靠拢，并相交于凸透镜另一侧的焦点处。也就是说，凸透镜对光线有会聚作用，因此凸透镜也被称为"会聚透镜"。

中间薄边缘厚、表面向内弯曲的透镜

会聚和发散

凸透镜也被称为"会聚透镜"，因为穿过它的平行光线会会聚于焦点处。同理，凹透镜又被称为"发散透镜"，因为穿过它的平行光线通常会更加发散。

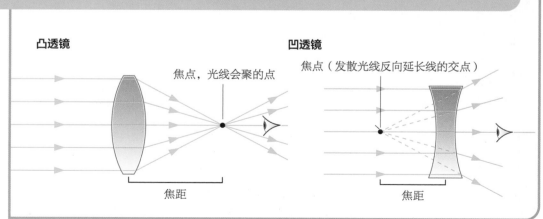

凸透镜 — 焦点，光线会聚的点 — 焦距

凹透镜 — 焦点（发散光线反向延长线的交点）— 焦距

被称为"凹透镜"。近视眼镜中用的就是凹透镜。当平行光线穿过凹透镜时，光线会远离光轴而更加发散，其焦点位于入射光线的一侧，且发散光线的反向延长线交于焦点处。因此，凹透镜也被称为"发散透镜"。

放大或缩小

通过前面的学习，我们已经了解到凸透镜可以用作放大镜。但是，凸透镜究竟是怎么实现放大功能的呢？实际上，来自物体的平行光线通过凸透镜后会会聚到焦点上，当我们沿着光线往回看时，我们就会看到物体的放大图像，这就是凸透镜用作放大镜的成像原理。如果使用的是凹透镜，由于进入观察者眼睛的光线是发散的，所以当沿入射光线往回看时，观察者看到的是物体的缩小图像。有时艺术家和设计师会用这种发散透镜（又称"缩小镜"）来观察一些大景象尺寸缩小后的效果。

有缺陷的透镜

如果你想通过一个简单的凸透镜观察物体，你可能会发现像边缘周围有些彩色条纹。这种效应被称为"色像差"（实际上，透镜的任何缺陷，即实际影像和理想影像之间的差异，均被统称为"色像差"）。这通常是因为凸透镜边缘对蓝光和红光的折射率不同导致的。这种现象可以通过增加由不同种类玻璃制成的凹透镜来校正。这种由不同折射率的透镜组成，可以实现消除色差目的的透镜组，被称为"消色差透镜"。

试一试

反转箭头

这个非常简单的项目可以归类为智力小游戏：你怎么能在不触碰箭头的情况下使箭头方向反转？

做一做

首先，用彩笔在一张纸板上画一个水平向左的粗箭头，然后把纸板竖起来靠在桌面上的玻璃杯上。请问，你怎么能在不触碰纸板的情况下使箭头方向反转？

另取一个玻璃杯，倒满水，将其放置于纸板前几厘米或十几厘米处，透过注满水的玻璃杯再看箭头，神奇的事情发生了——水杯里的箭头指向了右边！这是如何发生的呢？实际上，这是由于水和玻璃都会使光线折射导致的。加水后的玻璃杯相当于一个圆形的凸透镜，会放大或缩小物体的像。当水杯和箭头间的距离大于"水杯透镜"的焦距时，产生的是倒立的像，因此箭头方向反转从而指向了右边。将水杯靠近箭头，使水杯和箭头间的距离处于"水杯透镜"焦距内，此时形成的是正立的像，箭头又会指向左边。

在箭头前放一杯水就能在不触碰纸板的情况下使箭头的方向反转。

光与颜色

为什么有颜色的物体在白光照射下会表现出颜色？为什么大多数有颜色的物体在其他色光的照射下会改变颜色？

双彩虹：一道明亮的彩虹高高拱起，其外围稍高的地方出现颜色和亮度稍暗、色彩顺序相反的副虹（又称"霓"）。

下文插图解释了为什么物体是有颜色的。例如，当白光照射到一个红色物体表面上时，大部分（而非全部）的光被物体表面吸收了，只有红光（可能伴随着一点橙光）被反射回来。因此，该物体就呈现出了红色。同理，蓝色物体主要反射白光中的蓝光，而黄色物体主要反射白光中的黄光。因此物体在白光照射下，都呈现出了相应的颜色。

然而，这种解释只适用于白光照射的情况。如果用其他色光照射彩色物体，可能会产生奇怪的效果。试试在夜晚黄色的路灯下观察汽车和卡车的颜色，你会发现很多车的颜色不正确了。事实上，此时只有黄色的车看起来仍是黄色的。

复色光

白光是 7 种色光混合成的复色光。因此，当了解到将这 7 种色光按一定比例混合后能产生白光时，我们也不觉得奇怪。但实际上，混合出白光并不需要 7 种色光。你只需要 3 种就可以混合出白光，这 3 种色光被称为"光的三原色"，它们分别是红色光、蓝色光和绿色光。将三原色光等量混合就会得到白光。将任何两种原色光混合，会产生二次色光。将红色光和绿色光混合会得到黄色光；将绿色光和蓝色光混合会得到一种更亮的蓝色光，被称为"青色光"；将蓝色光和红色光混合会形成洋红色光（又称"品红色光"）。

物体颜色

白光是一种复色光。当白光照射到有颜色的物体表面时，物体会吸收所有除自身颜色外的色光而反射更多与物体同色的光，这些反射光进入观察者的眼睛，从而使观察者看到物体的颜色。

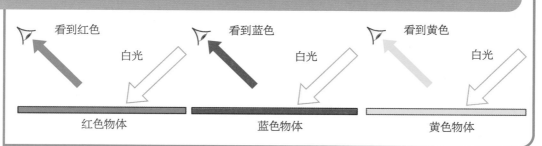

色光混合

　　3种二次色光等量混合也会产生白光。实际上，三原色光或3种二次色光的组合能够形成几乎所有你想要的色光。如果你足够近地仔细观察彩色电视机中的图像，你会发现，这些图像是由一些微小的像素点组成的。再仔细看，你会发现这些像素点只有3种颜色，即红色、绿色、蓝色。实际上，彩色电视机正是通过将这三原色以一定比例相互混合而产生屏幕上完整颜色的。彩色透明图片的丰富色彩也是用同样方法实现的。这种将不同比例色光混合以调出其他色光的方法被称为"加色法"。

颜料混合

　　和色光类似，颜料也有自己的三原色，分别是黄色、青色和品红色（实际上，这正是光的二次色）。将颜料的三原色等量混合得到的是黑色。把颜料三原色两两等量混合将得到颜料的二次色（间色）：黄色和品红色混合会得到红色；品红色和青色混合会得到蓝色；青色和黄色混合会得到绿色。值得注意的是，颜料的二次色实际上和光的三原色一致。

　　将黄色和品红色颜料混合，相当于从黑色中去除蓝色和绿色，而留下红色。类似地，将品红色和青色混合则相当于去除红色和绿色，留下蓝色；将青色和黄色混合则相当于去除红色和蓝色，留下绿色。

　　艺术家正是通过颜料混合的方法来获得绝大部分他们想要的颜色的。颜料混合的过程相当于从黑色中不断去除其他颜色的过程。因此，将不同颜色的颜料混合而获得其他颜色颜料的方法也被称为"减色法"。

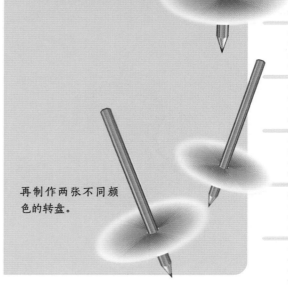

试一试

彩色转盘

　　本实验将向你展示彩虹色光是如何合成白光的。

六色
转盘示意图

做一做

　　取一块圆形的纸板，在上面画出六等分线（如右图）。如果你没有量角器，那凭肉眼参照插图画出六等分线也可以，不需要非常精确。

　　用画笔或蜡笔在纸板的每个分块上依次涂上红、橙、黄、绿、蓝和紫。将一根铅笔小心地穿过纸板中心，使纸板悬在铅笔一端但不至于掉落。旋转铅笔另一端，带动纸板旋转，猜猜你会看到什么颜色？实际上，当纸板旋转得足够快时，你将看到彩虹色光重新组合而成的白光。

用拇指和十指转动铅笔顶部，这需要一些练习。

　　类似地，你还可以多换几种颜色转盘试试，你将会看到多种色光。

再制作两张不同颜色的转盘。

人眼

可见光是电磁波谱中人眼可见的部分，但是如果没有眼睛，我们将什么也看不见。人眼是透镜的自然应用实例。学习透镜工作原理，有助于我们更好地理解人眼以及一些视觉缺陷，并指导我们如何矫正它们。

人眼的主要组成部分如下图所示。晶状体及其支撑结构将眼球分成了两个腔室：前房和后房。腔室中有房水、玻璃体等内容物。眼球最前端有一层凸起的透明角膜，光能够通过角膜进入眼球。角膜上常附着一层薄薄的泪液，起滋润角膜的作用。

睫状肌支撑着晶状体，同时也推拉着晶状体从而改变其形状以聚焦。当我们看远处的物体时，晶状体被肌肉拉伸且变薄；当我们看近处的物体时，晶状体松弛变厚。晶

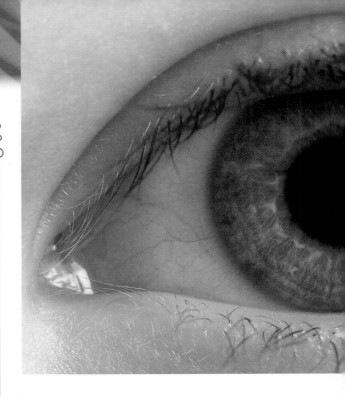

状体的前端有一圆盘状的彩色膜，被称为"虹膜"，其中央有一孔，被称为"瞳孔"。瞳孔通过瞳孔括约肌和瞳孔放大肌缩小和散大来改变尺寸，以平衡进入眼睛的光线，保护眼睛。也就是说，如果光线过强，瞳孔就会缩小，以减少光线进入；如果光线变弱，瞳孔就会变大，以接收更多的光线。

感光

视网膜位于眼球壁内层，内含感光细胞。物体被晶状体聚焦后在视网膜上形成倒立的像，光刺激触发感光细胞产生神经脉冲，这些信号沿着视神经传递到脑。然后，脑对来自眼睛的信号进行组合分析，将它们转换成我们眼睛看到的"图片"，并调整到正确的方向。

视力缺陷和矫正

第27页右侧插图的前两个例子展示了正常视力下人眼的成像原理；后两个例子则展示了人眼最常见的两种视力缺陷：近视和远视，其共同点是此时物体像的焦点

人眼结构图

人眼的主要组成部分包含晶状体和角膜。它们协同完成聚焦，其中，仅晶状体是可调的，而且它承担了大部分工作。

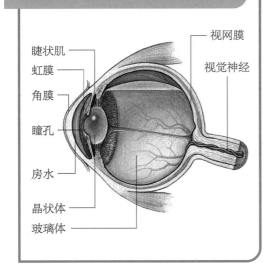

睫状肌
虹膜
角膜
瞳孔
房水
晶状体
玻璃体
视网膜
视觉神经

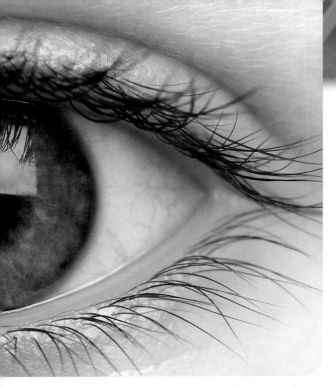

眼睛的有色部分是虹膜，其中央是黑色的瞳孔。一切来自物体的光都是通过瞳孔进入眼睛的。

不能准确地落在视网膜上。远视眼的产生原因实际上是眼轴长度过短，当平行光线进入眼球，通过晶状体聚焦后，物体像的焦点落在了视网膜后方某一点处。这种情况可以用由凸透镜制成的框架眼镜或角膜接触镜来矫正。它们可以使像的焦点重新落在视网膜上。

近视眼的产生原因实际上是眼轴长度过长，当平行光线进入眼球，通过晶状体聚焦后，物体像的焦点落在了视网膜前方某一点处。为了改善视力状况，近视的人可以选择佩戴用凹透镜制成的框架眼镜或角膜接触镜。它们可以使光线稍微发散，从而使像的焦点落在视网膜上。

另一种常见的视力缺陷是散光，属于屈光不正的一种，它往往是由角膜变形（不再是完美的球形）导致的。当用散光的眼睛看一个十字架时，垂直方向和水平方向总是不能同时聚焦（在某一个方向上有近视或远视），比如，垂直方向聚焦清晰，而水平方向上则

人眼成像

正常情况下，晶状体产生的像是缩小、倒立的，且像的焦点刚好落在视网膜上。对于远视眼，像的焦点落在了视网膜后方，这可以用凸透镜来矫正；对于近视眼，像的焦点落在了视网膜前方，这可以用凹透镜来矫正。

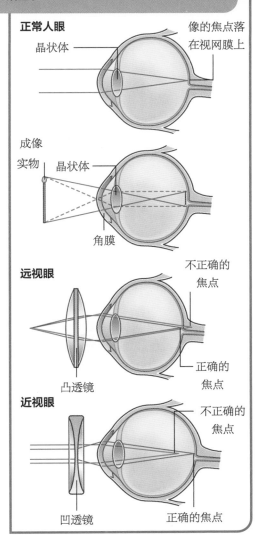

模糊不清；反之亦然。这种情况可以使用柱状镜来矫正，即矫正某一方向上的近视或远视。这种透镜被称为"去像散透镜"。

27

光的用途

主要的光学器件有平面镜、透镜和棱镜。它们的工作方式在本书前面的内容中已经介绍过了。接下来，我们就来看看它们是如何在各种光学仪器中发挥作用的。

今天，很多人至少拥有一台相机。这些相机有的是数码的，有的是集成在手机上的，但它们的工作原理都是一致的。相机的工作方式和人眼非常相似。它由一个透镜（晶状体）、一个可变光圈（瞳孔）和一个感光胶片（视网膜）组成。透镜用于聚焦图像，可变光圈用于控制进光量，而感光胶片用于将透镜聚焦好的图像记录下来。此时，被记录下来的图像是上下颠倒的，但这并不重要。此外，相机有一个快门，用于控制曝光时间，即进入相机的光照射到胶片上的时

间（以几分之一秒为单位）。

为了能够聚焦被拍摄物体，相机的镜头可以在一定范围内远离或靠近胶片。能否清晰地拍到物体取决于镜头到胶片的距离，过近或过远都不能清晰成像。在老式相机和某些专业的现代相机中，镜头被安装在一个波纹管前端，人们通过向前或向后调节波纹管支架来实现聚焦。从这个角度而言，相机和人眼又是不一样的。人眼是通过改变晶状体的形状实现聚焦的，而相机则通过改变焦距来聚焦。但是，某些动物的眼睛采用和相机一样的聚焦方式，比如，章鱼就可以通过晶状体的移入和移出来聚焦。

相机中有一个叫作"取景器"的装置，可以让摄影师瞄准被拍摄物体且精确构图。简易相机中的取景器是一对小透镜。在单反相机中，五棱镜充当了取景器（参见第20页）。某些相机中还有可更换的镜头，用于完成不同任务。

简易相机

简易相机基本上就是一个装有感光胶片的防光盒外加一个镜头和光圈。镜头用于将被拍摄物体的图像聚焦到胶片上。镜头可以被轻轻地旋入或旋出以聚焦图像。可变光圈，又被称为"虹膜光圈"，可以通过改变大小来控制进入相机的光量。照射到胶片上的光的总量取决于快门打开的时间。

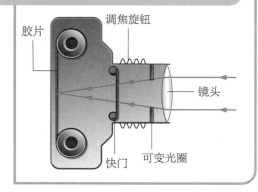

胶片　调焦旋钮　镜头　可变光圈　快门

天文台上一个主镜直径达 2 米的反射望远镜。

在现代数码相机中，用于记录的胶片已经完全被计算机图像记录技术取代了，但是，它们依然需要通过透镜系统来形成图像。

远距离视物

相机中的长焦镜头本质上是一种望远镜。更常见的望远镜由一根长镜筒和镜筒两端的两个透镜组成。前端的透镜被称为"物镜"，后端的被称为"目镜"。当使用两个凸透镜时，像是上下颠倒的，尽管这并不影响天文学中的观测结果，但如果在镜筒中增加第三块透镜，像就可以被翻转过来。如果把两个透镜中的目镜更换为凹透镜，像就是正立的。这种类型的望远镜被称为"伽利略望远镜"，因为意大利科学家伽利略（Galileo Galilei，1564—1642）在 400 多

试一试

自制罐头瓶相机

透镜通过弯曲光线来工作。众所周知，透镜最著名的用途之一就体现在相机中。在本实验中，你将学习制作一个完全没有镜头的相机！

做一做

取一个空罐头瓶，洗干净并吹干。将钉子放在罐头瓶底部中央，借助锤子，在罐头瓶底部中央开一个小孔。为了安全，这一步你可以请父母来帮忙。取一张长宽均比罐头瓶直径更大的半透明薄纸，小心地覆盖在罐头瓶的开口端，用橡皮筋箍紧。取一张足够大的硬包装纸，卷在罐头瓶外面，且卷成的纸筒要比罐头瓶长 5 厘米。用胶带把纸筒固定住。使纸筒的一端和罐头瓶被蒙住的一端保持平齐，而开有小孔的一端则完全被纸筒包住，产生遮光效果。一个简易相机就做好了。

在罐头瓶的底部开一个小孔，并在开口端蒙上一块半透明薄纸。

把罐头瓶相机的小孔对准一个光线明亮的物体，你将会在蒙着的半透明薄纸（"屏幕"）上看到倒立的像。实际上，这个小孔就像一个透镜，将来自物体的光线聚焦到了"屏幕"上。和真正的相机一样，像是上下颠倒的。事实上，我们眼中形成的像也是上下颠倒的，不过幸运的是，脑会自动将其翻转过来。

通过罐头瓶的小孔视物，你将会在薄纸上看到倒置的像。

反射望远镜

天文学家常使用反射望远镜来研究天空。来自远方的光首先照射到球面主镜上，主镜将光线聚焦到一个点，进而通过目镜被天文学家观察到。在大部分设计中，天文望远镜主要由一个主镜和一个副镜组成，入射光线通过主镜反射后再通过副镜实现聚焦。1930年施密特发明的施密特照相机，常被用于拍摄大面积夜空。它的主镜是一个易于制造的球面反射镜；副镜是一块与球面反射镜接近平行的非球面改正镜，以避免球差或不规则形变。光线进入后，先通过改正镜折射，再经过主镜反射，然后才聚焦到胶片上成像。牛顿望远镜的主镜

是一块抛物面镜；副镜为一块放置于主镜焦点前方且与主镜成45°角的平面反射镜。光线进入后，先后经主镜和副镜反射会聚，最后从侧壁镜筒出射并到达目镜（焦点）。在该设计中，光只经反射，未发生弯折，因此有效减少了球差。马克苏托夫望远镜的主镜为球面反射镜，副镜为一个弯月形改正镜，其背面可通过金属镀膜形成部分球面反射，以抵消主镜的球差。光线进入后，先被副镜边缘折射，再被主镜边缘反射，再次经过副镜中间的镀膜球面反射会聚后通过主镜中心的一个小孔出射到达目镜（焦点）。

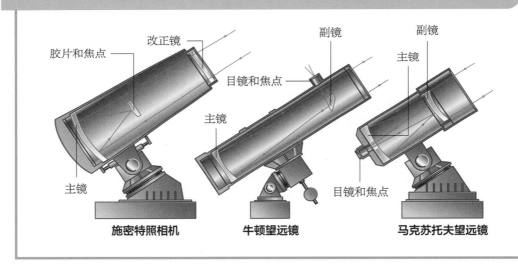

施密特照相机　　　　牛顿望远镜　　　　马克苏托夫望远镜

年前的开创性天文学研究中使用了同样设计的望远镜。

双筒望远镜

双筒望远镜通常用的是成对的镜筒。它的每个镜筒中都有一对棱镜，可以使光路来回"折叠"，因此在同等光路条件下，镜筒长度得以缩短。通过正确设置彼此之间的角度，最终获得的像将是正立的。现代天文

学家需要非常精密复杂的望远镜。这类望远镜具有复杂的球面镜组而非普通的透镜。

天文学中的望远镜

根据物镜结构设计的不同，望远镜可分为反射望远镜（物镜为反射镜）和折射望远镜（物镜为透镜）。艾萨克·牛顿发明了第一台反射望远镜。

天文学家使用的大型天文望远镜的反

射镜，直径可达10米，通常被安装在由电脑控制的机械臂上，其形状与曲率可被精确调节。天文望远镜常被安装在大型圆顶支架上，可以旋转，以对准天空的任何部分。天文台通常建在远离居住区的高山上，因为那里空气更清澈，光污染较少，可以拍摄出更好的星空图。

非常小的物体

显微镜可以观察到非常小的物体。第一台显微镜是由单个小凸透镜组成的。这种显微镜也被称为"简单显微镜"，由荷兰科学家安东·范·列文虎克（Anton van Leeuwenhoek，1632—1723）于1670年发明。他设计的最好的显微镜放大倍率超过260倍。他用这些显微镜来观测、研究细菌和血细胞。

要获得更高的放大倍率，就需要使用复合显微镜。它通常由一个小而强大的物镜和一个相当于普通放大镜的目镜组成，二者都是凸透镜，只是焦距不同。使用时，调节物距，使物体位于物镜的一倍焦距和二倍焦距之间，则会在镜筒内形成放大、倒立的实像；若该实像位于目镜一倍焦距以内，则可通过目镜形成放大、倒立的虚像，进而被观察者看到。实际上，显微镜最终呈现的是倒立、放大的图像，但这并不影响对微小物体细节的观测。

大多数实验室用的显微镜有一个旋转器，其上安装有两三个不同放大倍率的物镜。置于载玻片上的待测样品通过弹簧夹片安装到载物台上，灯泡或球面镜反射的光线从镜台下方照射过来，通过由一对透镜组

复合显微镜

这是一台典型的实验室用显微镜，配备了3个不同放大倍率的物镜。镜台，即载物台，可以先通过粗调节器快速进行较大幅度的升降，以迅速调节物距，使像呈现在视野中，进而再用细调节器缓慢调节升降，使像更清晰。聚光器可将光线会聚到样品上，提高亮度。黄色阴影所示为光通过仪器的路径。

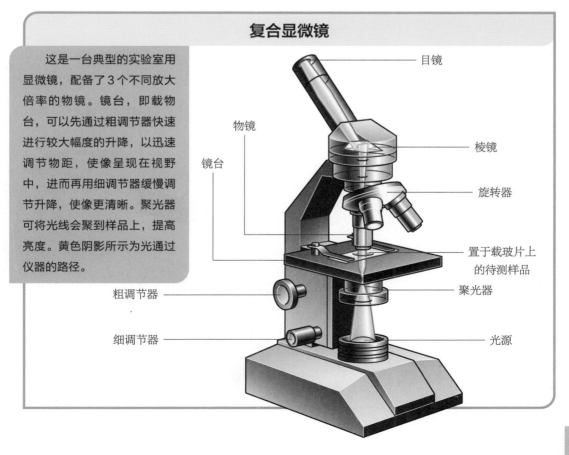

目镜

物镜

镜台

棱镜

旋转器

置于载玻片上的待测样品

聚光器

粗调节器

细调节器

光源

成的聚光器会聚，并照射到样品上。某些研究还会使用双筒显微镜，如地质岩石标本的检测。这是一种配备了两个目镜的复合显微镜。

投影图像

老式幻灯片（20世纪80—90年代）是相机胶片的一种，呈透明状，可用于记录彩色图像。这种幻灯片可以对着光直接观看，但图像非常小，难以观察细节。一个更好的方法是将幻灯片放大投影到屏幕上。实现这种功能的设备就被称为"幻灯机"。

幻灯机的聚光镜可以使来自光源的光会聚并均匀地照射到幻灯片上。通过幻灯片的光线被放映镜头投影到屏幕上，形成放大的图像。放映镜头可以前后移动，以使图像更好地聚焦。值得注意的是，放映镜头形成的是放大、倒立的像，因此，在放映时需要将幻灯片倒着插入幻灯机中。

老式的电影放映机在光学原理上与幻灯机几乎相同。此外，它还有一个移动胶片的装置和一个可快速开启、关闭的快门（通常每秒24次）。当快门打开时，胶片的每一张图片或每一帧都是静止的。当快门关闭时，胶片进入下一帧。使用老式电影放映机时，我们每秒看到的实际上是24张静止图片，但我们的脑忽略了连续更换图像时短暂的黑屏，只"看到"了一个连续的运动。虽然今天大多数电影放映机放映的是数字视频而非胶片，但是放映机中依然存在类似老式电影放映机中的快门设计（仍采用约每秒24帧的速度播放）。

幻灯机

幻灯机是利用凸透镜成像原理（当物体距透镜的距离大于一倍焦距而小于二倍焦距时，成倒立、放大的实像），将图片或幻灯片等投影于屏幕上的光学设备。幻灯机的主要组成部分包括光源、反光镜、聚光镜、放映镜头等。反光镜是处于光源后的一个凹面镜，其作用是把光源向后发射的光线反射回去加以利用；聚光镜由两块凸面相对的凸面镜组成，作用是将光线会聚并均匀地照射到幻灯片上；放映镜头通常是一个凸透镜或由多个不同透镜组成的透镜组，作用是将幻灯片上的画面放大并投影到屏幕上。

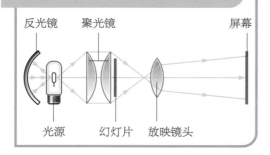

图中所示为一种用于切割钢板的工业激光。激光切割非常精确。

激光器

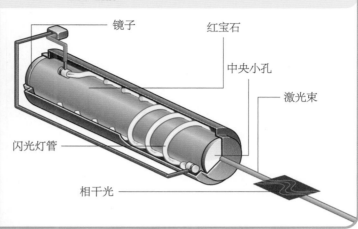

其实激光并不神秘。世界上第一台激光器是用红宝石制成的。红宝石晶体中的原子从（氙）闪光灯管中吸收能量后，便会发光。发出的光又刺激更多的原子发光，这些光在晶体两端的镜子之间来回反射，不断加强，波长也变得单一，最后形成的相干红色激光会聚后从镜子另一端的中央小孔出射，这就是我们日常见到的激光。

镜子　红宝石　中央小孔　激光束　闪光灯管　相干光

激光

激光是另一种非常有用的光。"激光"一词是"受激辐射光放大"的缩写。产生激光的工作介质可以是固体，如红宝石晶体，也可以是气体，如氦氖混合气体。来自闪光灯管的光能集中地照射到工作介质上，工作介质中的一些原子会发光，从而刺激更多的原子受激发光。这些光在光学谐振腔（激光器两端的两块镜子，反射率很高，一块全反射，一块半反射）中来回反射，继续诱发新的原子受激发光。激发产生的光被不断放大、增强且定向，最终形成强烈的相干光束，从半反射镜一端的中央小孔中出射，形成激光。激光在医学、工业和通信等领域有着广泛的应用。基于微芯片的小型激光器也常被用于商店收银台的激光扫码机和家庭及办公室用的激光打印机中。

声波

我们周围的空气不仅给了我们生命，还为我们提供了一个丰富多彩的声音世界。我们的神经和脑可以将声音信号根据经验转化成丰富的音乐、声音以及我们周围世界的活动场景。

我们之所以能听到声音，是因为物体振动通过空气传播到了人耳中。声音是一种特殊的扰动：它是一种振动。并非所有的空气扰动都是由振动引起的，比如风，它是空气的流动。它并不是指空气作为一个整体在流动，而是指空气分子的单独振动——它们永不停歇地做着无规则的、来来回回的振荡，彼此之间迅速碰撞，但它们的整体位置并没有发生变化。只有形成风流，空气分子才会形成整体性的、规则定向的流动。风（空气流动）本身是没有声音的，我们听到的风声是空气在流动时与障碍物发生摩擦产生的。

波是如何产生的

尽管我们看不到空气，但空气分子的振动可看作水的运动。水通过河流、小溪、水龙头从一个地方流到另一个地方，空气随风的流动也是如此。但水中的波浪却有所不同，例如，即使平静的湖面也会有波浪。波浪可以在水面上向前移动，但是水作为一个整体并不随之向前移动，因为浮在水面上的船并不会被水波带走；相反，它只是上下颠簸。实际上，当波浪从船底流过时，单个水分子在做圆周运动，它们前后、上下移动，但它们的整体位置并没有改变，因此，船也不会随之运动。与波浪是水的波动一样，声波是空气的波动。声波在静止的空气中传

播，是由于单个空气分子在其特定位置周围的振动所致的。

在声波中，空气分子被挤在一起，然后又分离。这种运动类似于一个长而灵活的软弹簧中的波，比如会自动"下楼梯"的软弹簧玩具。想象一下，将垂直弹簧的上端挂住，抖动弹簧的下端，弹簧中的线圈会挤得更近，每个线圈都在向上推动相连的线圈，使得这种压缩波沿着弹簧向上传递，每个波之间又被弹簧暂时拉伸的区域分开。

空气就像一个弹簧。当某种东西振动时，如当鼓皮短暂"抖动"时，就会产生向外的压缩波。在这些压缩区域，空气分子被挤在一起，而压缩区域之间的空气分子则更稀疏了，即空气变"稀薄"了。当波经过时，空气中的分子会前后振动——先沿波传播的方向向前动，然后又向后动。

这种爆炸是一种失控的能量释放，在空气中产生了毁灭性的冲击波。在爆炸之外，声波是由空气来回振动形成的，可以传播很远的距离，因此远处的人们可以听到一声巨响。

乐音和噪音

我们感知到的声音取决于我们的耳朵和脑。过快或过慢的空气振动，我们都听不到。

声音的特征不仅包含响度和音调，还包括其独特的品质（或"颜色"），即所谓的"音色"。显然，即便钢琴、小提琴、萨克斯和长笛的演奏声有相同的音高，但是它们是非常不同的。这种能够使我们辨识出各种乐器声音的独特品质就是音色。这些差异是由空气分子的复杂振动模式导致的。

大多数乐器有确定的音高，且每个音符都有明确的特征。这些振动规则、有固定

音高的音构成了"乐音"。而那些由不规则振动发出的无固定音高的音混杂在一起，就构成了"噪音"，比如爆炸声。

压缩波

当声音从一个声源向外辐射时，空气作为一个整体实际上并没有离开声源。相反，空气分子受振动的影响会前后振动。当空气分子被挤压得更紧时，它们就被压缩了，该区域的空气变得稠密。当它们分开时，该区域的空气就会变得稀疏。声波的传播就是这种空气分子振动模式的传播。这就好像足球赛场上的"墨西哥人浪"（又称"波浪舞"）：看台上的观众不必离开座位，只需相继地站起再坐下，这样一个运动波就穿过人群向前传播出去了。

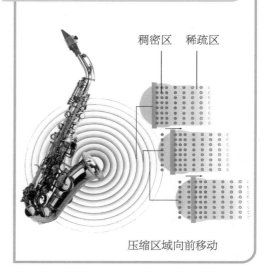

稠密区　稀疏区

压缩区域向前移动

声波特性

我们可以把声音看作一种波动来更好地理解它的行为。和其他波一样，声波也有某些重要的特征，如波长、频率和传播速度。

为了更好地理解声波的行为，先了解一些波的普适特性是非常有必要的。以水波为例：波的两个相邻波峰（或波谷）之间的距离被称为"波长"。同样地，从一个"峰"到另一个相邻"峰"，或从一个"谷"到另一个相邻"谷"的距离为声波的波长。

每秒钟经过一个固定点的波的数量被称为"波的频率"。波的频率乘以波长即为波的速度（速度=每秒通过的波的数量×每个波的长度）。在相同条件下，所有类型的声波都以近似相同的速度传播。高频波的波长较短，低频波的波长较长，就好像水中的波浪可大可小一样。波浪离开水平面高度的最大值被称为"振幅"。同样，声波的振幅也是空气分子偏离初始位置距离的最大值。

引起声音的扰动越剧烈，声波振幅就越大，声音也就越大。

声速

声音必须通过某种介质传播，它在一些介质中的传播速度比在另一些介质中的传播速度快。声音在空气中的传播速度大约是330米/秒。声音在液体中的传播速度比在空气或其他气体中都要快。在纯水中，它的传播速度约为1150米/秒；而在海水中的传播速度比这略快。声音在固体中的传播速度最快，例如，在不锈钢中声音的传播速度为5000米/秒，而在花岗岩这样的硬岩石中的传播速度约为6000米/秒。火车驶近时，在火车的声音通过空气传到我们的耳朵中之前，我们便会听到铁轨振动的声音。这是因为声音在钢铁中的传播速度大约是在空气中传播速度的15倍。

分贝

现今，科学家用分贝（简写为dB）来度量声音的响度。其实，最开始他们用的

科学词汇

振幅： 波动的强度，声波的振幅与它的响度直接相关。

分贝（dB）： 用于度量声音响度的计量单位。声压级每增加10分贝，响度级就会增加10倍，而响度增加大约1倍；声压级每增加20分贝，响度级就会增加100倍，响度会增加大约2倍。

频率： 对于声波而言，代表的是每秒空气分子（或声波所通过材料的分子）振动的次数。

波长： 相邻两个波峰或波谷之间的水平距离。

伦敦圣保罗大教堂的"私语走廊",由弧面环形墙壁构成,可以反射声波,因此,在走廊一端的人哪怕低声说话,走廊另一端(直线距离约30米)的人也能清楚地听到。

单位是贝尔(简写为B)。"贝尔"这一单位是以电话发明者亚历山大·格雷厄姆·贝尔(Alexander Graham Bell,1847—1922)的名字命名的。但是,在使用过程中,人们发现这个单位有时候显得太大了,于是又定义了一个新的单位——"分贝",意为十分之一贝尔,即 1 dB = 1/10 B。

　　值得注意的是,响度是人耳判别声音由轻到响的强度等级概念,一般情况下,声压级每增加 10 dB,响度会增加 1 倍,响度级就会增加 10 倍。也就是说,70 dB 声音的强度是 60 dB 声音强度的 10 倍。按普通人的听觉来讲,70 dB 以上的噪声就会令人感觉吵闹,甚至有损神经了,比如,城市里繁忙街道的喧嚣声通常在 70 dB 左右,听起来非常吵闹;迪厅或摇滚音乐会现场的声音约为 110 dB,有点让人难以忍受;一架超声速战斗机在 500 米外起飞时发出的声音为 120 dB

频率、波长和振幅

　　对于任何一种波,波长都是从一个波峰(或波谷)到下一个波峰(或波谷)的距离。波长越短,每秒通过一个固定点的波就越多,频率就越大。振幅与波的强度有关。

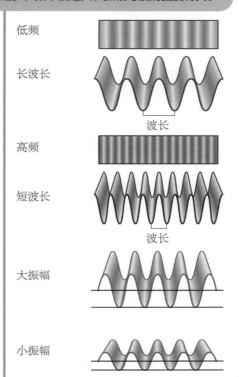

以上,几乎达到了人耳承受的极限。

　　声音的响度(大小)与振动能量有关。振动能量取决于发声物体振动所能带动的空气分子质量的大小,带动的空气分子质量越大,能量越大,响度也就越大。比如,电话听筒中的振膜太小,能带动的空气分子质量也不大,因此发不出太响亮的声音;摇滚乐队的大型扩音器(音响)中的振膜足够大,因此可以输出超过 110 dB 的声音。

弦振动发声

弦乐器已经存在几个世纪了。张紧的弦可以被拨动、敲击或用弓摩擦，从而产生各种各样的声音。弦之所以能够产生各种不同的声音，是因为具有一定长度的单根弦可以同时传播多种不同波长的振动波。

许多类型的乐器有张紧的弦，当它们被敲击或弹拨时，弦就会振动。每根拉伸的弦都以固有频率振动。反过来，这种振动又会带动周围的空气以同样的频率振动。如果只拨动或敲击弦一次，振动会逐渐减弱直至消失。如果用弓刮弦并持续用力保持弦振动，那么弦会发出一个持续的音，并且这个音会一直保持相同的频率。

在以这种方式产生的任何音中，实际上都有其他更高频率的音与主频混合在一

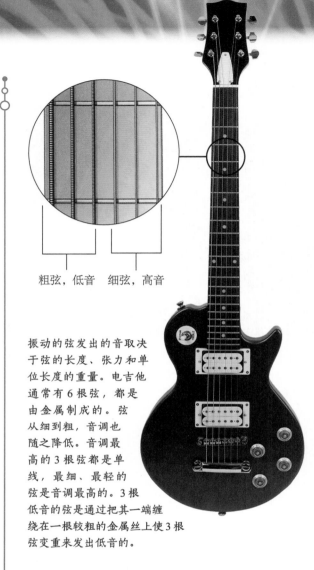

粗弦，低音　　细弦，高音

振动的弦发出的音取决于弦的长度、张力和单位长度的重量。电吉他通常有 6 根弦，都是由金属制成的。弦从细到粗，音调也随之降低。音调最高的 3 根弦都是单线，最细、最轻的弦是音调最高的。3 根低音的弦是通过把其一端缠绕在一根较粗的金属丝上使 3 根弦变重来发出低音的。

振动的弦

弦振动的最简单方式是只有两个固定点，即节点，两端各有一个。最大运动位移处被称为"波腹"，位于弦的中点处。弦的振动会带动空气以相同的频率振动，从而形成声波。

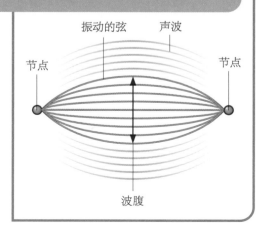

振动的弦　　　声波

节点　　　　　　　　　　节点

波腹

起，其中，主频被称为"基频"。然而，为了更好地理解音乐家是如何在弦乐器上产生不同音的，首先需要将基频想象成是唯一存在的频率，这样会比较容易理解。

数字与和声

弦的振动频率取决于它的张力。如果你把弦拉得很紧，音调就会升高。当你把弦松开时，音调又会降下来。摇滚吉他手在弹奏颤音时就是通过调节弦的松紧来调节音调的。他们上下摇动颤音臂，带动琴桥（也就是用来架起弦后端的装置）"摇摆"。这会

稍微改变弦的张力，从而使音调产生变化，也随之"摇摆"。

当弦的张力恒定时，它发出的音的高低取决于它的长度。弦越短，发出的音就越高。竖琴有其独特的形状，因为它只有一组弦，且每根弦都有自己固定的长度，提供乐器覆盖范围内的一个特定的音调。弓形乐器演奏者可以通过在某些特定位点（"音点"）上，用指尖垂直地将弦按压到琴颈上来，以改变振动部分的琴弦长度，从而改变音调。吉他手也会这样做，不同的是，在吉他的琴颈上有一种被称为"琴品"的脊或条，为弦提供了一个固定的端点。

古希腊哲学家毕达哥拉斯（Pythagoras，约公元前570—约公元前495年）是最早尝试将世界上的万物和现象都用数学公式来表达的自然科学家。他发现，弦发出的音取决于它的长度。如果弦的长度减半，弦就会产生一个新的、更高的音，与原来的音非常和谐。事实上，它比原来的音高一个八度。大音阶上八个音的序列为 do，re，me，fa，so，la，te，do，覆盖了一个八度。当弦的长度为原长度的 2/3 或 4/5 时，弦也会产生和谐的音。

乐器中弦的另一个关键特征是其重量。如果两根弦的长度和张紧程度都相同，那么较重的弦振动得较慢，发出的音的音调较低。这就是乐器的低音弦总比高音弦更粗、更重的原因。

试一试

更大的拨弦声

这是一种证明固体传导声音的性能比空气更好的方法。

做一做

用一只手的食指和拇指撑开一根橡皮筋，另一只手的手指拨动它。你会听到微弱的"拨弦声"。接下来，把橡皮筋绕在一个透明塑料杯上（见下图）。把塑料杯底部贴在耳朵上，再次拨动橡皮筋。这一次，"拨弦声"更响了。当拉伸的弦振动时，它就会发出声音。当你拨动手指间的橡皮筋时，它发出的声音是通过空气传到你耳朵里的。然而，当你把橡皮筋绕在塑料杯上，拨动它时，声音是通过塑料传到你耳朵里的。因为塑料是固体，它传导声音的性能比空气好得多。同时，杯内部的空间会起到放大声音的作用，就像吉他或小提琴的空心腔体一样。

拉伸一根橡皮筋并拨动它。你会听到轻微的"拨弦声"。

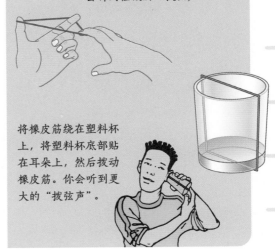

将橡皮筋绕在塑料杯上，将塑料杯底部贴在耳朵上，然后拨动橡皮筋。你会听到更大的"拨弦声"。

空气柱振动发声

管风琴、小号、笛子和人的声音有一个共同点：它们都是因为空气柱振动而发出的。与通过敲击使弦振动而发声不同，空气柱振动发声时，演奏者或扬声器可以通过控制每个时刻振动的空气总量来控制声音的大小。

我们听到的大多数声音是由某种固体的振动以及其周围空气的振动引起的。然而，也有可能是某些类型的外壳内部一定量的空气在振动，从而导致外壳外部空气振动并以声波的形式自由传播。一个简单的验证方法就是吹空瓶子。当你以某个正确的角度吹空瓶子时，瓶子里的空气会振动，发出响亮的音。你可以"调整"瓶子，比如，向里面倒入一些水，使瓶子发出不同的音。新的音调会比原来的音调高，因为瓶子里的空气量减少了。你还可以用多个瓶子调出不同的音调来演奏音乐。

同样的原理也适用于管乐器。乐器管道或管子里的空气柱振动发出声音。振动的空气柱越长，音调越低（波长越长，频率越低）。管风琴由一组管组成，每个管演奏一个音。空气被机器（如风箱）吹入管中。管

科学词汇

波腹：驻波中振幅最大的位置。参阅节点。
节点：驻波中振幅为零（或最小）的位置。参阅波腹。

风琴师用手和脚控制琴键，调节空气进入任何需要的音管内。在一些被称为"哨管"的管风琴中，空气通过一个特殊形状的入口进入，从而产生振动。另一些被称为"簧管"的管风琴中还装有弹性金属簧片，空气进入管道后引起簧片振动，从而激发音管中的空气柱振动发声。其他类型的管乐器上也有类似的进气口。

所有管乐器中最简单的一种就是便士笛。它基本上是由一个管式哨杆和一个被称为"哨口"的喉舌构成的。管子的另一端是开口的。沿着管壁有一系列的小孔。演奏者用手指堵住孔，可以改变管中空气柱的有效长度，从而调节音高。

节点和波腹

空气柱振动时发出声音的音调或频率取决于振动波长。振动波长与从一个节点

振动波

竖笛和便士笛都是长笛家族的成员。吹奏时，用手指堵住小孔，同时向哨口内吹气。在堵住的孔上会形成驻波节点，这些节点（此处所有孔都是闭合的）的位置决定了发出音的音调。

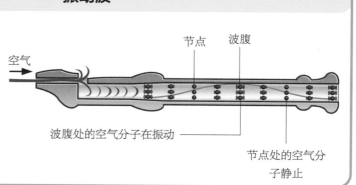

空气
节点　波腹
波腹处的空气分子在振动
节点处的空气分子静止

当铜管乐器演奏者吹奏乐器时，他的嘴唇会振动，这样乐器中的空气也会随之振动。压按阀门可以改变管子的有效长度，从而改变振动空气柱的长度，以调节音调。

（没有振动的地方）到下一个节点或从一个波腹（振动最大的地方）到下一个波腹的距离有关。打开或堵住乐器上的孔会改变波腹的位置，从而影响振动的波长和声音的频率。

木管乐器

竖笛和长笛是和便士笛一样的乐器。单簧管和萨克斯管的不同之处在于有无簧片来提供振动。双簧管和巴松（又名"大管"）中均有一对振动的簧片。所有这些乐器都被称为"木管乐器"，因为它们最初都是由木头制成的。

试一试

排箫

产生声音的一种方法是使空气柱在管或管道内振动。音调的高低取决于管的宽度和长度。在本实验中，你将学习用一组管制作一个被称为"排箫"的乐器。

做一做

取一块约 15 厘米见方的硬纸板，在上面贴上几条双面胶带。将 12 根吸管并排贴在胶带上，吸管末端沿着纸板边缘对齐。将吸管的另一端以一定角度斜切（见下图），形成一组长度不同的管，这样一个简易的排箫就做好了。轻轻地来回吹吸管整齐排列的一端，练习几次之后，你就能让吸管发出声音。

实际上，通过吹吸管的末端，你已经使管内的空气柱振动了。这就产生了声音。请注意，短吸管发出的音的音调比长吸管发出的更高。古希腊人用刻度管制作了一种乐器，被称为"潘排箫"，这是欧洲最古老和流传最广的乐器，至今仍在南美洲原住民中流行。

把吸管粘在硬纸板上，一端以一定角度斜切，就制成了简易排箫，可以演奏试试。

打击振动发声

除了人声，远古时期的人们最初通过敲打骨头、石头和木片等物体来创作音乐。随着时间的推移，更多复杂的打击乐器被开发出来。时至今日，打击乐器在世界上所有形式的音乐中都发挥着重要作用。

当两块小石头碰撞在一起时，你会听到沉闷的滴答声。中空的物体撞击发出的声音通常比实心物体撞击发出的声音更响亮、更悦耳。如果你用手指轻轻敲木质吉他面板，木质吉他会发出相当响亮的声音。这是因为它是空心的。如果你盖住音孔，再次敲击吉他面板，你听到的声音会变得低沉很多。这是因为空心的面板能发生空腔共鸣，使声音增强。晒干的种子壳或葫芦（一种中

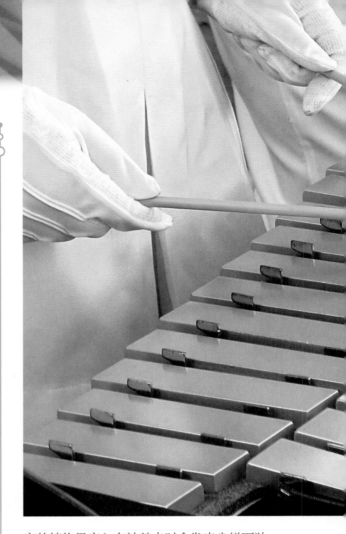

空的植物果实）在被敲击时会发出尖锐而独特的声音。正是受这些自然物体的启发，我们的祖先才有了将固体制成特定形状作为乐器的想法。

钟琴

钟琴由一组固定在框架上的、长度不同的扁平金属条组成，金属条按键的顺序以半音排列，类似于钢琴上的琴键，上面一排对应着钢琴的黑色键。演奏时，用琴槌敲击金属条中部，便可产生柔和、清晰的声音。图中的字母是音符名。

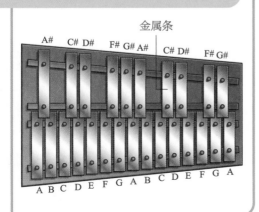

木琴

木琴是一种打击乐器，由一套具有精确长度、依一定次序排列的木条组成，敲击时会发出与敲打骨头、冰块等的打击声类似的声音，音质冰凉，有冰冻质感。将这些木条固定在一个框架上，便可以制作出频率范围很广的乐器。在早期的木琴中，人们常将一些合适尺寸的空心葫芦置于每根木条下方，作为共振器，以扩大声音。此类木琴被称为"瓢式木琴"。现代木琴根据瓢式木琴改进而成，通常以金属管替代葫芦作为共

电颤琴的琴键是用金属（铝）制成的，琴键下装有管状金属共振器以放大声音。共振器内圆盘的转动会使得每个音的音调轻微振荡。

振器。电颤琴与木琴相仿，只不过它的琴键是由金属条制成的，每根金属条下也有共振器，由电动机驱动。它还有一个类似于钢琴的延音踏板，从而使得敲击发出的声音得以延续并形成长短强弱皆可控制的颤音。

鼓

与拉紧的弦被拨动时会发出声音一样，绷紧的皮或其他薄膜被敲击时也会发出声音，比如鼓。绝大多数鼓产生的声音是混频音，但是，某些类型的鼓，如流行于中美洲加勒比海地区、用汽油桶加工而成的钢鼓，则被设计成有精确的音调。

试一试

"聒噪"的尺子

木琴是一种通过木条振动发声的打击乐器。在本实验中，你将使振动的尺子产生声音。

做一做

取一把塑料尺，放到桌上，一端用手压住，另一端伸出桌边悬空。用另一只手的手指向下按住尺子悬空端，然后突然松开，你将会听到尺子振动的声音。多试几个不同的悬空长度，听听哪个音调是最高的？是短音，还是长音？

为了发出不同的声音，把尺子压在桌上，使它的大部分长度悬空在桌边外。像之前一样按压悬空端，会发出"砰砰"声，同时迅速地把尺子向桌面内滑动。你会发现，尺子振动声的音调高低取决于尺子悬空部分的长度。长度越短，音调越高。当你把振动的尺子向桌面内滑动时，悬空长度由长变短，结果，音调也随之由低变高了。

发出声音的音高取决于振动部分的长度。

振动尺子悬空端发声，向桌面内滑动尺子，使悬空部分长度缩短。

试一试

洪亮的敲勺声

振动的物体会发出声音，声音通过介质传播。在本实验中，你将尝试使用普通的勺子发出如教堂钟声一样洪亮的声音。

做一做

取一把汤勺和一根约 1.3 米长的细线，将茶匙拴在细线的中心。把细线两端绕在食指上，保持两边长度相同。用食指指尖按住两个耳蜗边缘（不要用力过大），身体微微前倾，让汤勺自由悬挂，晃动汤勺，设法让它轻轻撞击桌子或椅子腿（或让朋友用木勺轻轻敲击汤勺）。你会听到如教堂钟声一样洪亮的声音。用更大的汤勺重复这个步骤，感受声音的音调发生了什么变化——是高了还是低了？

声音来自振动的汤勺，经细线传入耳朵，因为固体的传声效果比气体的好，因此你会听到较响亮的声音。汤勺越大，其发出声音的音调就越低。你可以取个纸杯或泡沫塑料杯，在杯子底部打个小孔，将绳子的两端穿过小孔并打个结或用胶带将绳子末端固定住，把杯子开口端盖在两耳上，再次晃动汤勺使其撞击桌子或椅子腿，你将听到更响亮的"敲钟声"！这是因为杯内的空气产生了共鸣，将汤勺振动的声音进一步放大了。

振动的汤勺可以发出如教堂钟声般洪亮的声音。

保持张力

鼓发出声音的音调不仅取决于鼓的大小，还取决于鼓皮的张力。鼓皮越紧，音调越高。一种在非洲和某些地区流传下来的传统鼓，通常是用鼓绳将鼓皮绑紧，再箍上铁圈固定在鼓身上制成的。演奏时，演奏者用一只胳膊夹住鼓腰，另一只手敲打鼓面，同时拉扯调音绳，调节鼓面的松紧程度，以产生不同的音调。

一个交响乐团通常有 4 个及以上可调音高的鼓，被称为"壶鼓"或"定音鼓"。早期的壶鼓通过拧紧或松开将鼓皮连接到鼓身上的螺钉来调节鼓皮的松（降调）紧（升调）度进而调整鼓声音调。现代壶鼓增加了与螺丝连接的脚踏板，进而通过脚踏板来拉伸或松开鼓皮，以调节音高。

钟、锣、钹

敲击金属时会发出令人愉悦的叮当

打击乐器

打击乐器是交响乐团中一大类乐器的总称，以打、摇动、摩擦、刮等方式来发出声音，常见的如下图所示。

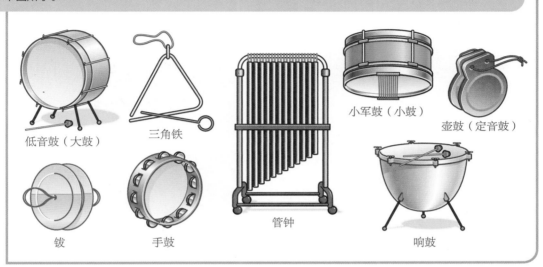

低音鼓（大鼓）

三角铁

管钟

小军鼓（小鼓）

壶鼓（定音鼓）

铙

手鼓

响鼓

鼓手演奏的乐器类别包括多种鼓和铙，它们没有确定的音高，可以发出不同音域范围内的声音。根据击打方式不同，它们可以发出不同音质或"颜色"的声音。

声。这是因为金属通常是由原子晶格组成的多晶体，当它们被敲击时，晶格中的原子会在其初始位置附近以精确的频率振动。过去，铁路维修工人常通过敲击火车车轮听其声音来判断它们的状态。好的轮子，晶格完整，发出的声音较为悦耳，而坏了的轮子，由于存在晶格缺陷，发出的声音较为单调。大多数教堂里的钟是用金属（常为青铜）制成的。

在亚洲的一些寺庙里，祭司们会敲锣祈福。这些锣通常是由青铜铸造或捶打而成的。与钟不同的是，锣没有确定的音高，可以产生多种混合的音调。铙与锣类似，但外形不同，锣为圆盘形，中央部分略凸，用锣锤敲击中央部分而发声；铙为两个圆铜片，中心鼓起成半球形，两片相击发出金属碰撞的声音。

声速

声音以一定的速度传播，但其具体速度因传播介质的不同而不同。声速是指声音在空气中传播的速度。喷气式飞机、发射时的太空火箭，甚至喷气式汽车都能实现超声速。

想象自己置身于一场雷雨之中。你看到 5 千米外的闪电。光线几乎瞬间就到达了你的眼中——大约 1/60000 秒之后。但声音以每 5 秒 1.6 千米或每 3 秒 1 千米的速度传播，因此雷声需要 15 秒之后才能到达。甚至在较短的距离上也会有延迟。当在 100 米之外敲锤子时，你听到锤子的敲击声和看到锤子落下之间有 1/3 秒的延迟。然而，你在电影中从未见过这种情况。远处爆炸的轰鸣声与爆炸的景象通常是一致的。这是因为如果按实际将声音延迟了，观众会感到困惑！

声音在空气中的速度（声速）会随温度的升高而增加。在 0℃ 干燥的空气中，声速是 331.6 米/秒。在 20℃ 的空气中，声速是 344 米/秒。当海拔达到 13 千米时，大气的温度会下降，声速也会下降，约为 286 米/秒。

科学词汇

多普勒效应： 当波源和观察者发生相对运动时，观察者接收到的波的频率会发生变化的现象。

马赫数： 速度与声速的比值。

冲击波： 一种不连续峰（扰动）在流体介质（如空气或水）中的传播，其速度超过了该流体介质中的声速。

声爆： 飞行器在超声速飞行时产生的冲击波传到地面上形成的爆炸声。

马赫数

马赫数是表示声速倍数的数，被定义为在相同条件下，物体运动速度与声速之比。1 马赫即为 1 倍声速，2 马赫即为 2 倍声速，以此类推。它是以奥地利物理学家恩斯特·马赫（Ernst Mach，1838—1916）的名字命名的。

相比空气，声波在液体和固体中传播得更快。在海上，远处的爆炸声会被听到两次，第一次是通过海水传来的，第二次是通过空气传来的。水中的声速大约是空气中声速的 4.5 倍。这就是你在海里或水下游泳时很难根据声音判断远处船只距离的原因。

美国海军的一架喷气式战斗机突破了声障。当飞机突破声速，以超声速飞行时，飞机周围会形成一个锥形的高压面，并产生冲击波和声爆。

多普勒效应

当路边的警车一边鸣笛一边飞速向一名路人驶来时，每一个声波传到路人的距离都比上一个短，相当于声波被压缩了，频率升高了，听起来音调也升高了。反之，当警车经过路人并加速驶向远方时，声波被拉长了，频率降低了，警笛声的音调也降低了。这种当波源和观察者发生相对运动时观察者接收到的波的频率会变化的效应，就被称为"多普勒效应"。

克里斯蒂安·多普勒

奥地利物理学家克里斯蒂安·多普勒（Christian Doppler，1803—1853）于1842年最先提出波的频率和波长会根据波源和观察者的相对运动而产生变化，这种现象后来被称为"多普勒效应"（见右侧介绍）。1845年，荷兰气象学家拜斯·巴洛特（Buys Ballot）做了一个实验来验证他的理论。他让一队喇叭手站在一辆敞篷的火车上吹奏，并请训练有素的音乐家站在路边用耳朵来辨别音调。当火车驶近时，音乐家辨别出，音调确实变高了。这一结果和多普勒的理论预测相一致。

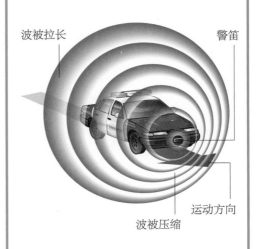

波被拉长　警笛　运动方向　波被压缩

超声波和次声波

实际上，我们的周围充满着高频的超声波，只不过我们的耳朵听不到而已。但是，某些动物是可以听到且发出超声波的。这种人耳听不到的超声波普遍存在于空气和海洋中。人们也将这种超声波应用于工业、战争和医疗中。

人耳正常的听力频率范围为大约 20 ~ 20000 赫兹。赫兹是频率的国际单位制单位，以德国物理学家海因里希·赫兹（Heinrich Hertz，1857—1894）的名字命名，符号为 Hz，定义为每秒内周期性事件发生的次数。例如，20 赫兹的声音表示该声源每秒振动 20 次。

频率高于人耳分辨极限（20000 赫兹或20 千赫兹）的声波被称为"超声波"。值得注意的是，"超声波"和"超声速"没有任何关系，超声速指的是物体的瞬时运动速度超过相同情况下声音的传播速度。超声波本质上是声波的一种，其传播速度和低频率的声音是一样的。许多动物能听到这种超声波。狗哨就能发出超声波，狗能听到并对此做出反应，但人听不到。蝙蝠有一种在黑暗中寻找道路和捕食猎物的神奇能力。这是因为蝙蝠能发出频率高达 200 千赫兹的尖锐超声波，并探测昆虫和其他物体的回声。

科学词汇

扬声器： 将电信号转变为声信号的发声装置。

超声波： 频率太高，超出人耳分辨极限（20千赫兹）的声波。

产生超声波

人耳可听的声波常通过使扬声器中的纸片或金属振膜快速振动的方法产生。但是，这种振动速度还不足以产生超声波。被称为"（声波）传感器"的超声波产生器使用一种通过在其表面施加交流电就能使之振动的（压电）晶体来产生声波。（压电）晶体通常由石英或一种叫"罗谢尔盐"的化学物质组成。用这种方法产生的超声波可用于清洁物品。例如，把衣物浸在水或洗衣液中，通过超声波信号快速搅动，便可以清除污垢。

隐形探测

超声波具有方向性好、穿透能力强、易于获得、在水中传播距离远等特点，在多种人眼不可及的隐形探测方面有广泛应用，

超声波可用于检查身体内部器官。例如，孕妇的常规B超检查就是利用超声波扫描的。

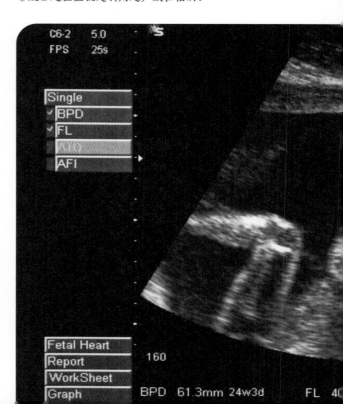

如航海测距、医疗等方面。航海员常借鉴蝙蝠的超声波导航方法来进行航海测距导航。船舶发出的超声波脉冲会被潜艇、鱼群或海床等反射回来，根据回声返回船舶所花费的时间就可以推算出物体的距离。医学上也有类似的应用，高频的超声波脉冲可以穿透身体。B超检查通过探测身体内部器官的回声来显示出身体内部结构。

次声波

教堂风琴、卡车或飞机发出的低沉的声音可以使整个建筑物振动。此时，除了我们能听到的声音，还有很多低频振动夹杂其中。这些低于人耳可听范围下限（20赫兹）的低频振动被称为"次声波"或"亚声波"。虽然人类听不到次声波，但许多动物能听到，包括鲸和大象。

低频声音比高频声音传播得更远。这就是为什么远处的雷声听起来是低沉的轰隆

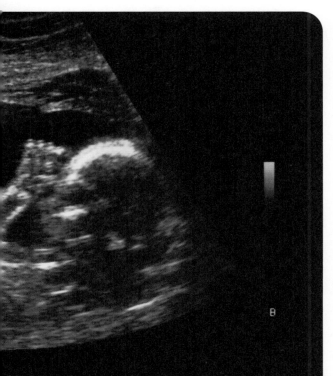

超声波狩猎

蝙蝠是利用高频的超声波来定位导航的。它们发出的大部分声音频率很高，人耳听不到。但是，蝙蝠大而灵敏的耳朵可以探测到超声波回声，从而锁定昆虫等猎物或避开障碍物。蝙蝠的超声波导航能力是如此的高超，以至于它们可以安全地飞过布满电线的黑暗房间。

声，而近处的雷声听起来是尖锐的爆破声。有些动物正是利用低频声音的这个特点来实现远距离通信的，比如，鲸发出的次声波就可实现远达数十万千米的交流。

20世纪80年代，博物学家发现，大象的鼻腔可发出频率很低（次声波，小于20赫兹）的隆隆声。它们正是用这种声音来实现远距离交流的。

声音与运动

低沉声音常伴有一种轰隆隆的振动声，这实际上是由一种被称为"共振"的现象引起的。一个物体受到其附近物体振动的影响而产生频率一致的振动，这种现象就被称为"共振"。例如，在钢琴附近发出一个音，比如拨动吉他弦，会导致钢琴琴弦也产生同样的振动。

弹拨琴弦引起的空气振动趋向于使所

有钢琴琴弦振动，但是只有那些自然振动频率与吉他弦相同的钢琴琴弦才会产生强烈的振动，即共振。同样地，如果有人在操场上推一个孩子的秋千，当以和千秋运动速度相同的速度推秋千时，秋千的运动会得到增强；当以不同的速度推动秋千时，这种运动将会被阻止，以致秋千的运动会被减弱。

建筑物和家具通常不会和正常的声音频率产生共振，因为这些物体的自然振动频率很低，相反，它们能与次声波共振。随着时间的推移，音乐厅或教堂可能会被管风琴低沉的声音所破坏。

有害共振的一个经典案例发生在 1940 年。当时，风导致美国华盛顿塔科马海峡悬索桥产生了不可控的振动。桥面像摆动的绳子一样摇摇晃晃，甚至把汽车抛到了河里，最终，桥倒塌了。自那次灾难之后，新的桥梁设计都有考虑反共振的功能。

颤抖的地球

大多数地震是由地幔顶部 300 千米内的岩层移动引起的。这些移动很轻微，但影响

里氏震级

直到近代，地震的震级规模大小仍用里氏震级来标度。但是，地震造成的破坏不仅取决于里氏震级，还取决于地震的深度，以及该地区的人口和建筑数量。今天，地质学家使用矩震级来标定震级，它使用了和里氏震级相同的对数标度，但能更精确地测量大地震的强度。

2.5　人一般无感，但可以被地震仪记录下来
5.0　大部分人能感觉到
5.0　当地部分损坏
7.5　破坏性地震
8.5　大地震

这种地震破坏可能仅仅是由几分钟的地面震动造成的。

了大量的岩石，它们能引发周围地壳产生所有频率的振动。一些振动通过地壳横向传播很远的距离，另一些则纵向传播到地球的更深处——地幔和地核处。

横波和纵波

与水或空气等流体中的声波不同，固体中的声波可以分为两种。一种是原子和分子在平衡位置附近沿着波运动的方向做前后振动，被称为"纵波"。这种振动形成的声波和气体或液体中形成的波一致。但是，在固体中，原子或分子也会在垂直于波的运动方向上从一侧移动到另一侧，被称为"横波"。

在地震研究中，侧向摆动（水平摇晃）形成的波为横波（S波），较快的纵向压缩（上下起伏）形成的压力波为纵波（P

查尔斯·里克特

美国地震学家查尔斯·里克特（Charles Richter，1900—1985）的名字总是与地震规模联系在一起，这是因为里氏震级正是以他的名字命名的。1935年，他与另一位地震学家贝诺·古登堡（Beno Gutenberg，1889—1960）共同提出了地震震级标度。他们根据观测点地震仪上记录的地震波大小，对地震中释放出的能量进行了评估，并根据震中到观测点的距离进行了修正。震级标度上的点并不代表相等的间隔。震级每增加1级（从震级标度上的一点到下一点），地震释放的能量约增加30倍。

波）。地球表面之下不同深度的压力、密度和岩石成分等环境的不同，都会影响S波和P波的传播速度。

地球内部环境的变化导致地震波传播路径发生了弯曲。地震后，到达世界各处地震波的模式是非常复杂的，但是，研究这些地震波，可以揭示许多关于地球结构的信息。比如，地震波的模式揭示了薄地壳层中较轻岩石和地幔中密度较大岩石之间的差异，且地幔层几乎向地球内部延伸到了地球半径的一半。它们还表明，地球内部有一个S波无法穿透的、由融化的铁和镍组成的液体外核，以及一个坚固的实心铁镍内核。

地震发生时，地面通常会左右移动和上下晃动。地震仪，或地震测量设备，会以图表形式记录下这些震动。现在，大多数地震仪是电磁式的，数据被记录在电脑上或打印到纸上，形成震动图。

声音的反射和折射

即使在完全黑暗的环境中，我们也能感知到周围物体的存在。这种能力很大程度上是由于我们潜意识里对物体反射的声音有感知。声呐正是利用声反射的原理来探测水下物体的。

声波和所有其他类型的波一样，可以被反射。它们可以被固体反射，也可以被水面反射，甚至可以在不同温度水层的界面处发生反射。反射的声音被称为"回声"。与原声相比，来自远处物体的回声有明显延迟。当你大喊或拍手后听回声时，5秒的延迟代表你与反射物体相距1.6千米，3秒的延迟代表相距1千米。值得注意的是，为了计算出反射声音的物体的距离，延迟时间必须除以2，因为听到回声时，声音已经在发出地和反射物体之间完成了来回传播。

周围的回声

通常，附近物体的回声并不明显，但它们确实会影响我们所听到的声音的质量。比如，在户外收听广播与在室内收听的效果是截然不同的，因为室内收听时，听到的声音中混杂着墙壁和天花板的回声。又比如，在大教堂里听到的声音和在小厨房里听到的声音也是很不一样的。

当房间里没有人，也没有软家具（如

声呐对渔业非常重要。即使是小型渔船也要用声呐搜寻鱼群。根据声呐屏幕上的轨迹，经验丰富的操作员可以判断鱼群的大小和类型。

窗帘和软垫椅子等）时，房间里就会产生回声。房间或建筑物内部声音的特性被称为"声学特性"。多重回声可能会非常令人困惑。例如，一个人坐在大厅的后面听演讲，

科学词汇

声学： 研究声波产生、传播、接收和效应的科学。

回声： 声波在传播过程中，碰到大的反射面（如墙壁、大山等）时，在界面处会发生反射并回传到听者耳中，人们把能与原声区分开的反射声波叫作"回声"。相对于直接到达的原声，回声是有延迟的。

回波定位： 通过向目标物体发射声脉冲并探测回声来确定目标的方向和距离的方法。声呐正是基于回波定位原理工作的。

其听到的声音可能来自多个途径，但不完全同时。除演讲者的声音直接到达外，经过墙壁和天花板反射的声音也会在几秒钟内陆续到达，这些声音相互混合后，他听到的声音

一架军用直升机正在将侧扫声呐浮标放入海中。这种声呐可以发出声脉冲信号，并收集从海底反射回来的声脉冲信号，进而探测到水下的危险障碍物，如沉船或爆炸性水雷等。

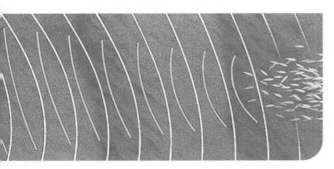

就失真了。为了避免这种声反射的发生，可以在墙壁和天花板上覆盖吸音材料，如泡沫塑料制成的吸音瓷砖。

在一个精心设计的剧院或音乐厅里，每个座椅的倾角都是专门设计的，这是为了保证每个座位处的声音大小在空置和坐人时相差不大。因此，即使很多座位是空的，大厅也会有相同的声学特性。

声音的折射

声波的传播路径可以轻微弯折，也可以剧烈反射。声波和其他波一样，当传播速度发生变化时，其传播路径也会弯折。

声音进入较冷的空气时会变慢。通常，高空的空气比地面附近的空气冷。当地面的声源以与水平方向成一定仰角的方向向空中发射声波时，声波在上升过程中遇到冷空气会减速。这种减速作用会把它们拖来拖去，这样它们就会向上弯曲。这就像一列士兵以一定的角度在崎岖的地面上行进，他们往往会逐渐减速并偏离原来的前进方向。这

制造回声

当你听到自己声音的回声时，其实是一些声音的能量从一个物体表面反射回来了。对着峭壁或建筑物墙壁大喊，通常能产生很好的回声效果。

反射声波

原声波

种向上的弯折会使得声音的响度在离开地面声源之后逐渐降低。

　　在露天环境中，声音传播一定距离后通常会变弱。然而，当高空的空气比地面附近的空气更热时，情况可能正好相反。这种情况通常要在某些特定天气条件下才能发生，比如在极地地区，那里常年冰冻，地面附近的空气很冷，高空的空气反而较热。声波上升时被加速了，这使得它们向下弯折。因此，即便是轻微的声音也可以传播到很远的地方而被听到。

风中喊话

　　同理，风也会影响声音的可听性。风速通常随高度的增加而增加，这会使逆风传播的声波向上弯折，而顺风传播的声波向下弯折。这就是为什么顺风喊话更容易听清楚。当一个人站在你的上风位置对你喊话时，你

会听得更清楚（参见第55页图）。

　　如果把声音集中成一束，那么声音会更容易被听到。它们在束内较强，在束外则较弱。扬声器、老式留声机和扩音器中都有一个喇叭，其形状旨在将声波反射到有限波束中再传播，而不是向四面八方扩散传播。

扬声器喇叭的形状有助于将声波集中成窄波束。大雾天气时，海岸警卫队哨所的喇叭发出尖锐而强烈的声音，对船只有警示作用。

科学词汇

放大器： 增加声音或代表声音的电子信号强度的装置，收音机或高保真音响中都有用到。

束： 集中起来的粒子流或具有类似结构的光波（或声波）。

顺风： 与风吹的方向一致的方向，即风从后面吹来。

逆风： 与风吹的方向相反或朝着风吹的方向。

风中听音

风速通常随高度的增加而增加。在离地面较高的地方，逆风的声波速度会减慢，这个方向上的所有声波会向上弯折，因此逆风传来的声音很难被听清。顺风时情况则刚好相反，高空的声波被加速并向下弯折，故而顺风传来的声音更容易被听清。

讲话者　　高风速　　听话者

喇叭

最早的唱片机或留声机是没有电子放大器或扬声器的。声音被存储在唱片平面内的弧形刻槽内，当唱针在槽中移动时，唱针的振动带动连接唱针的特制膜振动，从而发出声音，但这个声音是很弱的。直到喇叭的出现，才使得这个声音能够被放大。

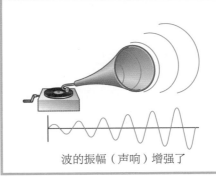

波的振幅（声响）增强了

人耳

耳朵让我们能够感知周围的声音世界。声音被人耳收集后，传入脑中，脑的特定区域就会分析声音并判断出它们的频率。我们对平衡的感知也位于脑中同样的区域内。除了完全失聪，大多数听力障碍可以通过医疗手段得到纠正。

人类是通过一种复杂的感官机制来检测声音的。我们通常所说的耳朵，其实只是解剖学家口中的耳郭或外耳郭部分，而这仅仅是深入头部复杂的耳朵最外层可见的一小部分。耳朵的结构分为外耳、中耳和内耳。

外界的声音通过一条被称为"耳道"的通道进入耳朵，击打在耳膜上，使耳膜振动。这些振动通过听小骨传到内耳中一个复杂的、充满液体的、被称为"耳蜗"的结构上。耳蜗内液体的振动反过来会引起毛细胞的细小振动，从而产生生物电信号。电信号传到脑中，声音就被感知到了。波长最长的声音在耳蜗里传播得最远，因此，当耳蜗远

我们能保持平衡、感知前进的方向、判断我们的身体将如何运动，这一切都得益于我们内耳中的一种感受器官——半规管。

端的毛细胞振动时，脑可以判断出所听到的声音中存在低频音。

掌管平衡

我们的平衡感也由内耳控制。内耳中有3个充满液体的环路，被称为"半规管"，它们彼此成直角。头部的运动使管道中的液体流动，从而产生信号，脑可以根据接收到的信号，计算出头部相对于重力方向的位置和运动，从而控制身体的平衡。头晕是由于头部停止运动而半规管内的液体继续运动引起的。

科学词汇

耳道： 从耳朵的可见部分或耳郭延伸到头部的一条通道。

耳蜗： 位于内耳中的一个螺旋形骨管器官，里面充满液体（外淋巴液），周围有许多神经，负责探测声音。

耳膜： 也叫"鼓膜"，是一种分割外耳和中耳的膜。当声波冲击它时，它就会振动，并将振动传递给中耳中的听小骨。

内耳： 由主管听觉和身体平衡的器官组成，包括耳蜗、半规管等。

半规管： 内耳中维持姿势和平衡感的环形器官，其内充满液体。

听力障碍

很多东西可能会破坏听觉机制的微妙平衡。它们可能会导致从重听到重度聋等不同程度的听力障碍。部分耳聋最简单的原因是耳道阻塞，其中最常见的情况是存在耳垢，耳垢很容易被清理掉。另一个可能的原因是中耳炎症（中耳炎），通常也可以被治愈。较难治愈的是耳内声音探测装置、听神经或大脑听觉中枢等方面的问题。助听器可能会有帮助，但还有另一种替代方法，就是安装人工耳蜗——一种将声音信号转换成电信号，直接传递到置于内耳内的电极系统，刺激听神经，从而帮助恢复听觉功能的电子装置。

音叉能发出单一频率的纯音，因此，常被钢琴调音师用来取标准音。如此纯净的单频音在已知自然界中几乎是不存在的。

耳朵的内部结构

耳郭的形状有助于判断声音发出的方向。声波被耳郭收集后沿着耳道传播，使耳膜振动。在中耳中，耳膜的振动通过3块连接在一起的听小骨传递，这3块骨头分别是锤骨、砧骨及镫骨。镫骨负责使充满液体的内耳产生振动。耳蜗内的毛细胞负责向脑发送生物电信号。3个充满液体的半规管负责检测头部运动。

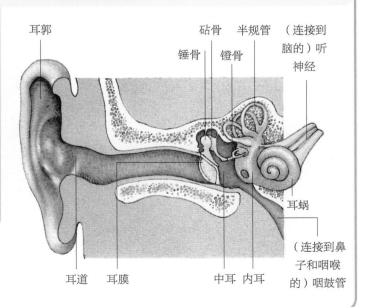

耳郭　　　砧骨　半规管　（连接到脑的）听神经

锤骨　镫骨

耳蜗

（连接到鼻子和咽喉的）咽鼓管

耳道　耳膜　　　中耳　内耳

人声

人的发声器官是复杂而灵活的。颚、舌头、嘴唇、牙齿和声带微妙而可控的振动，可以产生无数不同类型的声音。儿童在生命的最初几年里就掌握了这种控制发声的能力，但科学家们仍在耐心地探索人类语言的复杂性。

人的发声器官类似于管乐器和弦乐器的组合。呼气时，肺部送来的气流不断冲击被称为"声带"的器官，使之摩擦、振动，从而发出声音。声带位于喉腔中部，一般成对出现（参见第59页图）。

声带在气管截面图上呈V字形。它们是由富有弹性的韧带组成的，可以被喉部的肌肉拉动、调节。当喉部肌肉放松时，两片声带的距离相对较远，空气通过时不会发出声音。肌肉也可以将这些韧带拉紧，使两片声带合到一起，当空气通过它们时，它们就会振动。肌肉也可以收紧韧带，提高音高，或者放松韧带，降低音高。青春期时，喉部

当我们呼喊、说话、唱歌或吹口哨时，我们的两片声带是靠拢闭合的；当我们吸气时，两片声带是放松分离的。

肌肉会发生变化。男孩的声带通常会变得不再那么紧绷，所以声音的音调也会下降。

会厌是位于喉头上前部的树叶状结构，由会厌软骨和黏膜组成。当我们咽东西时，会厌会下降盖住气管顶部，这样食物就不会进入气管，而会被投入食管并通往胃中。但如果长时间盖住气管，人可能会感到窒息。

有些声音是在声带不振动的情况下发

辅音发音

辅音的发音和一些口型有关。例如，B和P被称为"爆破音"，发音时双唇紧闭，然后突然分开，让气流冲出口腔，爆破成音。T和D被称为"齿槽音"，发音时舌尖紧贴上齿龈（上颚前面），形成阻碍，然后突然下降，气流冲出口腔，爆破成音。其他辅音发音时都有对应的口型。

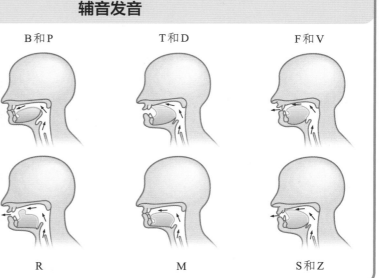

B和P　　　T和D　　　F和V

R　　　M　　　S和Z

出的，被称为"清音"，如 P 音和 T 音。相比之下，B 音和 D 音是由声带振动发出的，被称为"浊音"。所有的元音都是浊音。

喉头发出的声音在口腔中得到修正。我们用舌头、嘴唇和牙齿做出复杂的动作来形成元音和辅音的发音。第 58 页的图中给出了一些辅音发音时舌头和嘴唇的位置。

人类语音的频率范围非常广泛。检测高频音的能力对于区分许多辅音是很重要的。随着年龄的增长，难以听清高频音也会成为最常见的耳聋形式之一。

声纹

每个人声音中的混频都有自己的特点，即使两个人说的是同一个单词，他人也可以将其分辨开来。声音中的这些混频可以通过电子学手段进行分析，并以一种被称为"声纹"的图像显示出来。

声纹可用来识别说话者，这与用指纹识别个人类似。现今，声纹鉴定已成为辨认犯罪嫌疑人的重要手段之一。例如，办案人员可以对骚扰电话的录音进行声纹分析，再将其与犯罪嫌疑人的声纹进行对比，从而为认定犯罪提供鉴定依据。

科学词汇

喉头： 人类喉咙中附着和固定声带的器官。

声带： 位于喉腔中部，两片呈水平状、左右并列、对称又富有弹性的器官，是人类发声的主要结构。呼出的气流从两片靠拢闭合的声带间排出时，引发声带振动，从而发出声音。不发声时，声带是放松分离的，以使气息顺利通过。

语音发音机制

声带位于喉腔中部。说话时，人会通过声带呼气，同时改变声带的位置和张力，以改变发出声音的音调。嘴部的运动会进一步改变声音的特点，从而产生可识别的、具有个人特色的语音。

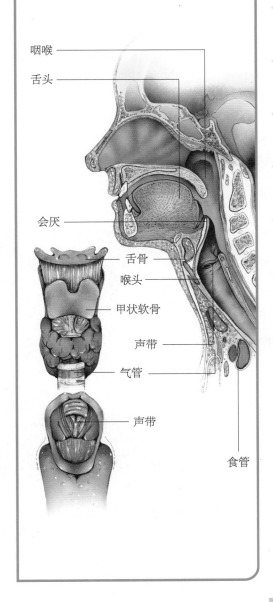

咽喉
舌头
会厌
舌骨
喉头
甲状软骨
声带
气管
声带
食管

声音的记录和再现

没有什么是比声音更难以捉摸的了，它在一瞬间就消失了。然而，现在我们已经学会了声音的记录和再现，可以把它们送到世界各地，随意地播放它们，甚至可以随心所欲地塑造声音，就像玩黏土一样。随着现代技术的发展，演奏者发出的声音甚至只是声音工程师的原材料。

第一次录音是由蜡表面的凹槽实现的。凹槽的形状直接模仿了声波的形状。1877年，美国发明家托马斯·阿尔瓦·爱迪生（Thomas Alva Edison，1847—1931）制作了最早的录音设备留声机，并用它录制了第一张唱片。这是一台由大喇叭、曲柄、受话机和金属膜板组成的"会说话的"的"怪机器"。当人在大喇叭的开口前大声说话或唱歌时，声波被收集到金属膜板上，导致膜板振动。膜板带动连接在其上的针在一个可旋转的、涂满蜡的柔软表面刻出波浪状的凹槽，声音就被这些凹槽记录下来了。当摇动曲柄，使针沿着这些凹槽回路倒着运动时，圆筒的旋转会使槽中的针振动，与针另一端相连的膜板也跟着振动，从而回放出微弱的原声，原声还可被大喇叭放大。现代录音设备用的是磁盘，磁盘比圆筒蜡盘方便多了。

留声机的普及和唱片的发展密切相关。最初流行起来的唱片是用一种叫作"虫胶"的树脂制成的，其录音速度为78转/分，每

从20世纪80年代开始，器件小型化使人们可以用个人的盒式磁带机、随身听、迷你光盘听音乐。到21世纪，音乐和其他音频文件的录音都已实现了数字化。各种音乐应用程序和iTunes使智能手机成为便携式音乐盒。

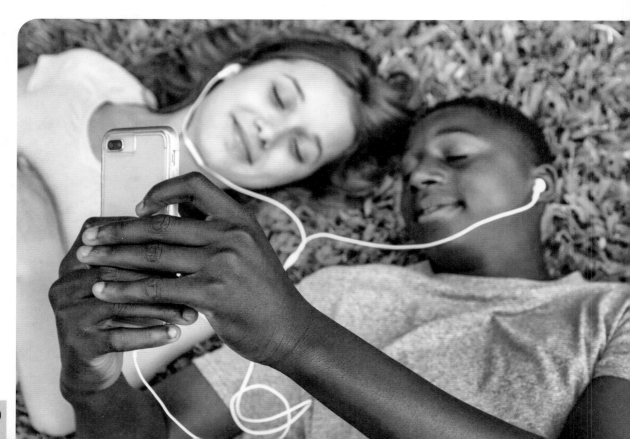

磁带录音

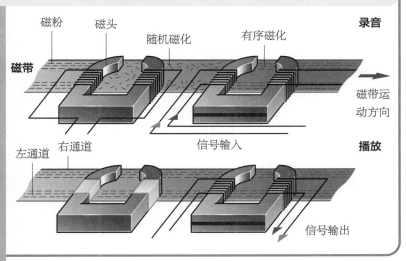

录音时，声音传入话筒中，产生随声音而变化的感应电流，电流在磁头线圈中产生磁场。随着磁带的运动，磁带上原有的信号被擦除，并产生与当前声音相对应的声音磁化信号。放音是录音的逆过程。如果将包括磁头和录放通道在内的两个独立系统组装在一个整体中，通过左右声道同步播放，还可以产生立体声效果。

图中标注：磁粉　磁头　随机磁化　有序磁化　录音　磁带　磁带运动方向　左通道　右通道　信号输入　播放　信号输出

面只能录制时长约 3 分钟的声音。20 世纪 50 年代，人们开始用一种新的材料——乙烯基塑料替代虫胶来录制唱片，这种唱片分 33 转/分和 45 转/分两种，每面能录制的时长增加到约 30 分钟。这些唱片也被称为"黑胶唱片"。黑胶唱片在 20 世纪六七十年代进入鼎盛时期。20 世纪 90 年代，随着音乐与计算机的"相遇"，黑胶唱片的人气逐渐下降。CD 取代了盒式磁带和黑胶唱片。然而，大约在 2007 年，黑胶唱片又开始流行起来，黑胶唱片爱好者称，模拟录音的黑胶唱片比数字录音的 CD 有更好的音质。

电声记录

随着电子设备的发展，如麦克风和扬声器的出现，早期的录音模式得到了很大改善。麦克风可以将声音的变化通过特定的机制转换为电压或电流的变化，再交给电路系统进行处理。声音的强度（响度）变化，可以通过麦克风电流强度（幅值）的大小来调节。这个信号可以用于控制原始磁盘上记录信号的凹槽的生成。

当播放黑胶唱片时，唱针（拾音器头）的振动信号被转换成电信号，用来驱动扬声器中振动膜振动发出声音。

磁记录

黑胶唱片的录音质量很好，但在录音棚外很难做到。磁带录音则可以由业余爱好者实现合理标准的录音效果，且其录放设备非常便携。磁带由涂有金属颗粒的塑料薄膜组成。当它们暴露在强磁场中时，它们会被磁化。录音时，磁带从两个电磁铁间穿过。电磁铁为一根金属铁芯，其上缠绕着可通电流的导线。电流会产生磁场，使得金属铁芯上的磁场增加。因此，整个装置相当于一个可控磁铁。

录音机中的第一个电磁铁叫作"擦除

磁头",它的作用是消除磁带上已有的磁化信号。第二个电磁铁叫作"记录磁头"或"重放磁头"。声波引起的变化电流流过线圈时,会产生一个变化的磁场,反过来磁场使磁带上的金属磁粉磁化,形成强弱分布的磁化图案。这样声音就以一种磁化信号强弱的模式被记录了下来。回放时,磁带反向从记录磁头或重放磁头间穿过。变化的磁场使磁头的磁场产生变化的电信号,之后电信号被转换为声音。

光盘

黑胶唱片是一种模拟设备:波浪形状

光盘

光盘的下表面刻蚀着数以亿计的小坑,它们呈螺旋状由内向外排列。还有一些区域没有凹陷小坑,被称为"平地"。光盘旋转时,播放机的读头在光盘中心和边缘之间摆动。读头发出的激光(红色)照射到光盘上,并检测反射光。根据反射角度与时间的不同,光轨上的凹坑和平地序列被反射光转换成电信号,输入扬声器,继而被转换成声音。

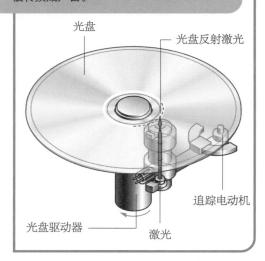

光盘

光盘反射激光

追踪电动机

光盘驱动器

激光

的凹槽就像声波的图像。激光磁盘和数字多功能光盘(CD 和 DVD)则是以数字序列的形式存储声音信息的,它们被称为"数字设备"。光盘由涂有专用有机染料或某种碳性物质的基板组成,其上是一些由中心向外呈螺旋状排列的光轨,光轨上分布着一些尺寸约为 0.6 微米的微小凹坑,又叫作"信息坑"。轨道上的每个位置都可被标记为有坑或没有坑,它们分别用数字 1 和 0 来表示。这样,这两个数字的组合就可以表示出二进制代码中的任何数字。磁带或黑胶唱片录制出来的声音不可避免地会包含一些如回声或嘶嘶声等的背景声。CD 或 DVD 录制的声音可以很好地过滤这些背景音,使得再播放出来的声音更加清晰。

MP3 数码文件于 1996 年问世。由于 MP3 格式的音乐只录制了人耳可听到的音乐部分,所以其文件非常小,可以很容易地下载并可通过电子邮件发送。这改变了人们购买和听音乐的方式。

科学词汇

模拟（信号）： 用连续变化的物理量所表达的信息。模拟信号与它所代表的东西相似。例如，传统黑胶唱片上的凹槽就像声音振幅变化的图像。另请参阅数字（信号）。

CD： 一种记录声音、图像和数据的媒介。它由一个含金属涂层的塑料盘组成，上面的数字信息被记录在一个由许多微小坑组成的光轨上。

数字（信号）： 可用离散的物理量（数字）所表达的信息。例如，电子表是以具体的数而非指针的运动来显示时间的。另请参阅模拟（信号）。

磁带： 一种涂有磁性材料的塑料带，可以记录声音和其他形式的信息。

现今，人们可以免费下载专业数字音乐录制软件。录音艺术家直接在电脑上播放、创建、录制、取样、下载、编辑和存储曲目及声音，也可以方便及时地将曲目或声音上传到互联网或其他设备上。

试一试

纸质放大器

最早的留声机是用一个巨大的金属喇叭来放大唱片的声音的。过去，人们习惯于用喇叭来放大他们的声音。在本实验中，你将用纸制作一个喇叭，并用它来听一张旧唱片。

做一做

用剪刀剪出两张正方形纸，一张约15厘米见方，另一张比它大两倍。把每张纸从一个角卷起，用胶带粘住，形成圆锥形。小心地将一个大头针穿过圆锥纸筒的尖端底部，使大头针的尖端露出。

把不用的旧唱片放到唱片机转盘上，打开唱片机。轻轻握住一个圆锥纸筒，同时将大头针的尖端放在唱片的凹槽中。你听到了什么？用另一个圆锥纸筒重复上述步骤。你又听到了什么？唱片上的波浪形凹槽使大头针振动，大头针又带动喇叭振动，喇叭的振动使它里面的空气振动，从而发出了声音。你还会发现，较大的喇叭发出的声音更大，这是因为它带动了更多的空气振动。

卷成喇叭状（a），粘住并插入大头针（b），将大头针尖端置于唱片凹槽中（c）。

（a）

（b）

（c）

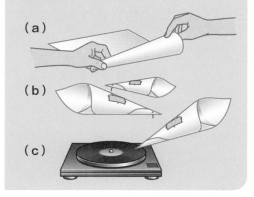

Books: General

Bloomfield, Louis A. *How Things Work: The Physics of Everyday Life*. Hoboken, NJ: Wiley, 2013.

Bloomfield, Louis A. *How Everything Works: Making Physics Out of the Ordinary*. Hoboken, NJ: Wiley, 2007.

Czerski, Helen. *A Dictionary of Physics*. New York, NY: W.W. Norton, 2018.

De Pree, Christopher. *Physics Made Simple*. New York, NY: Broadway Books, 2005.

Epstein, Lewis Carroll. *Thinking Physics: Understandable Practical Reality*. San Francisco, CA: Insight Press, 2009.

Glencoe McGraw-Hill. *Introduction to Physical Science*. Blacklick, OH: Glencoe/McGraw-Hill, 2007.

Heilbron, John L. *The History of Physics: A Very Short Introduction*. New York, NY: Oxford University Press, 2018.

Holzner, Steve. *Physics Essentials For Dummies*. Hoboken, NJ: For Dummies, 2010.

Lehrman, Robert L. *E-Z Physics*. Hauppauge, NY: Barron's Educational, 2009.

Lloyd, Sarah. *Physics: IGCSE Revision Guide*. New York, NY: Oxford University Press, 2015.

Muller, Richard A. *Physics for Future Presidents*. New York, NY: W.W. Norton, 2008.

Rennie, Richard, and Law, Jonathan. *A Dictionary of Physics*. New York, NY: Oxford University Press, 2019.

Taylor, Charles (ed). *The Kingfisher Science Encyclopedia*, Boston, MA: Kingfisher Books, 2006.

Walker, Jearl. *The Flying Circus of Physics*. Hoboken, NJ: Wiley, 2006.

Zitzewitz, Paul W. *Physics Principles and Problems*. Columbus, OH: McGraw-Hill, 2012.

Books: Light and Sound

Gardner, Robert. *Experiments with Light and Mirrors*. Berkeley Heights, NJ: Enslow Publishers, 2018.

Hecht, Eugene. Optics. Boston: Addison-Wesley, 2016.

Kessler, Colleen. *A Project Guide to Light and Optics*. Hockessin, DE: Mitchell Lane, 2012.

Parker, Barry. *Good Vibrations: The Physics of Music*. Baltimore, MD: The Johns Hopkins University Press, 2009.

Walmsley, Ian. *Light: A Very Short Introduction*. NY: Oxford, 2015.